Freie Durchforstung.

Freie Durchforstung.

Von

Dr. Carl Robert Heck,

kgl. württ. Oberförster in Adelberg.

Mit 31 Übersichten und 6 Tafeln.

Springer-Verlag
Berlin Heidelberg GmbH
1904.

Additional material to this book can be downloaded from http://extras.springer.com

ISBN 978-3-642-89812-9 ISBN 978-3-642-91669-4 (eBook)
DOI 10.1007/978-3-642-91669-4

Softcover reprint of the hardcover 1st edition 1904

Dem Vorstand des Württembergischen Forstvereins

Herrn

Oberforstrat

Grafen von Uxkull-Gyllenband

in alter hoher Verehrung

gewidmet

vom

Verfasser.

Vorrede.

Die Lehre von den Durchforstungen steht mehr als je im Vordergrund der forstlichen Zeit- und Streitfragen. *Wissenschaft* und *Wirtschaft* bemühen sich in ernstem Wetteifer, je von ihrem Standpunkt aus neuen Stoff zu sammeln, zu sichten und die wichtigeren Ergebnisse als Gemeingut zu sichern. Beide gelangen zu Forderungen, mit welchen sie an der Spitze eines gesunden Fortschritts marschieren möchten.

Die *Wissenschaft*, insbesondere das *Forstliche Versuchswesen*, hat den großen Vorzug für sich, daß sie mit ganz oder annähernd bestimmten Größen zu rechnen pflegt; sie schafft Maß und Zahl für möglichst verschiedene Zustände, im einzelnen Fall aber für um so einfachere, tunlich gleichmäßige, *vollkommene* Verhältnisse. Sie will jede der zu betrachtenden Ursachen und anzuwendenden Maßnahmen vereinzeln und so deren Wirkungen unter gleichen, wie unter jeweils wechselnden Umständen erforschen, womöglich für längere Zeiträume. So schaffte sie z. B. *Ertragstafeln* für Hauptbestand und Zwischennutzungen, von welchen besonders die letzteren den heutigen Anschauungen vielfach nicht mehr recht entsprechen.

Eine *Schattenseite* des Versuchswesens ist es, daß dasselbe namentlich bei vergleichender Anwendung verschiedenartiger Maßregeln auf *recht kleine Flächen* angewiesen ist. Diese Einschränkung ist durch die sonst alsbald erwachsende außerordentliche Arbeitshäufung bedingt und vielleicht noch mehr durch die Schwierigkeit, wirklich tadellose *Vergleichsflächen* überhaupt in erwünschtem Umfang zu beschaffen. Es läßt sich ferner gar nicht vermeiden, daß das Forstliche Versuchswesen *verhältnismäßig langsam* und *schwerfällig* arbeitet und *geringe Anpassungsfähigkeit* an die Forderungen der Wirtschaft besitzt. Dasselbe liegt in den Windeln, sobald es sich um gemischte Bestände handelt, die bekanntlich für die Wirtschaft von allergrößter Bedeutung sind.

Die Forstwirtschaft steht am Beginn des 20. Jahrhunderts vor 2 großen Wendepunkten, die beide auf dem Gebiet des Waldbaus und zwar der Bestandeserziehung liegen. Kaum 1/4 Jahrhundert zurück galt es noch für nahezu ausgeschlossen, vor Beginn eigentlicher Lichtungs- und Vorbereitungshiebe in den herrschenden Bestand einzugreifen. Heutzutage erscheint dieser Eingriff in gewissen Schranken als ganz selbstverständlich, ja als Voraussetzung einer guten Durchforstung. Bis vor wenigen Jahren schwebte sodann als höchstes Ziel die Erzeugung möglichst hoher Holzmassen durch geeignete Durchforstung vor. Das Versuchswesen ist mit endgültiger Lösung dieser Aufgabe noch nicht ganz fertig. Die Wirtschaft ist aber mit solchem Endziel nicht mehr zufrieden; sie hat sich bereits ein höheres gesteckt: sie sucht nicht mehr bloß hohe Holzmassen zu erlangen, sondern gleichzeitig und ohne Erhöhung der Umtriebszeit tunlich höchste Holzwerte unter sorgfältiger Ausnützung der gegebenen Verhältnisse.

Das ist nur erreichbar durch Wahl der geeigneten Holzarten für den oft so raschen Wechsel des Standorts und durch richtige Schaftpflege. Es genügt nicht mehr, möglichst viel Nutzholz zu erziehen, sondern man will zugleich tunlichst hochwertiges. Hier versagt bis jetzt das Versuchswesen fast ganz und gleichzeitig liegt darin die Stärke der Wirtschaft in ihrer großen Beweglichkeit, vollends in Mischbeständen. Sie bedarf zu vielen wichtigen Maßnahmen keiner Versuchsflächen mit Zahlenangaben; sie schafft sich nach Bedarf fliegende Versuchshorste und verwertet Erfahrungstatsachen mit handgreiflichen Ergebnissen; sie liest die Geschichte von Einzelstämmen und Beständen auf Stockabschnitten von durchforsteten, gelichteten und Abtriebsbeständen, wie auf Querschnitten beliebiger Baumhöhen, wozu sich immer Gelegenheit findet, oder bedient sich, wo dies nicht ausreicht, des Zuwachsbohrers. Immerhin hat all dies seine bescheidenen Grenzen. Die Forstwirtschaft wäre noch sehr viel weiter voran, wenn man schon vor 50—60 Jahren statt manchen ermattenden, fruchtlosen

Schreibwesens ꝛc. über zahlreiche geeignete Waldflächen von 0,5—10 ha einfache, aber sichere Lagerbücher angelegt und dieselben gewissenhaft weitergeführt hätte.

Forstwissenschaft und Forstwirtschaft sind trotz erheblicher Gegensätze nahe aufeinander angewiesen, namentlich wegen der Menschenalter umspannenden Zeiträume, mit welchen man zu rechnen hat. Wissenschaft und Wirtschaft vom Walde sollten sich nicht wie Fremdlinge oder nur auch wie Stiefschwestern gegenüberstehen, sondern im Gegenteil sich ergänzen, und da und dort die Hand reichen; eine Hand wäscht die andere. Das Versuchswesen vermag sich dem vielgestaltigen Wirtschaftswald nur mit Mühe anzupassen; die Wirtschaft weiß die starren Durchforstungsgrade des Versuchswesens kaum zu verwerten. Und doch ist für $^2/_3$ des Bestandeslebens die Aufgabe gestellt, durch richtige Durchforstung die größten Werte in kürzester Zeit zu erwirtschaften.

Es gibt nun ein Verfahren, welches sich die Aufgabe stellt, im ganzen Zeitraum der Durchforstungen (und schon der Reinigungshiebe) alle vorkommenden Fälle zwanglos und sorgfältig zu würdigen; dasselbe will nach Maßgabe der Erfahrungen des Waldbaus, der Sicherheit der Bestände, der bewährten Ergebnisse der Zuwachslehre, überhaupt der Wissenschaft, soweit nötig auch nach eigenen genauen Untersuchungen, endlich nach anerkannten volkswirtschaftlichen Grundsätzen, gewissermaßen wie ein Waldgärtner, das vereinbar Höchste leisten. Dies soll zugleich in kürzester Zeit, mit den geringsten Opfern, unter Begünstigung früher ausgiebiger Nutzungen, für jeden einzelnen Baum nach seiner Eigenart und Bedeutung im Bestand, sowie für letzteren im ganzen erreicht werden. Dieses Verfahren ist die arbeitsreiche aber erfolgesmutige

Freie Durchforstung.

Kloster Adelberg, im Juli 1904.

Inhaltsverzeichnis.

Anhang.

1. Abschnitt.

Einleitung.

Die 2. Auflage des Loreyschen Handbuches der Forstwissenschaft bespricht an der Spitze der „besonderen Durchforstungsarten" S. 523 die Freie Durchforstung. Herr Geh. Oberforstrat Dr. Stötzer weist ihr darin (1903) das Erstlingsrecht zu gegenüber dem „E-Grad des neuesten Arbeitsplanes der forstlichen Versuchsanstalten". Mit dieser freundlichen Anerkennung, für die ich auch an dieser Stelle meinen verbindlichsten Dank sage, kann ich recht wohl zufrieden sein. Es war einst anders.

Die Freie Durchforstung hat bereits eine 10jährige Geschichte. Als ich im Herbst 1897 die beiden Durchforstungsversuchsflächen in damals 53—67 jährigem Buchenbestand des Staatswaldes VII 10 c_2 d Rauwiesle im Revier Adelberg anlegte und im Frühjahr 1898 in Heft 13 der „Mündener forstlichen Hefte" die Aufnahmeergebnisse veröffentlichte, war dies nicht ein „Versuchsballon", nicht der Anfang, sondern der Niederschlag 5 jähriger Durchforstungsarbeit im großen Betrieb eines vielseitigen, umfangreichen Forstes. Vorher war ich 3 Sommer (bezw. von Frühjahr bis Spätherbst) auf Reisen für die forstliche Versuchsanstalt Tübingen. Etwa 3 Jahre vor Begründung der Rauwieslesflächen wurde mir in einem Bestand, dessen Durcharbeitung mir viele Mühe gemacht hatte, gesagt: „so durchforsten heißt den Wald hinmachen". Ich ließ mich dadurch nicht irre machen und lenke seit Jahren mein Rößlein mit Vorliebe durch jenen Buchen- und Tannenmischbestand, dessen Frohwüchsigkeit jedesmal wie ein stiller dankbarer Blick auf mich wirkt. —

Hier ein Wort über die Altbuchen des Schurwaldes. Sie müssen es einem antun. Freilich nicht der struppige kurzschäftige Wuchs der Mehrzahl dieser „Standbuchen", wie sie Burckhardt nennt. Um so mehr fesseln die auffallenden Zuwachsverhältnisse jener „Riesenbuchen", über die ich schon zweimal einiges veröffentlichte,[1] mit Ausschluß gerade der Zuwachsverhältnisse selbst. Obgleich die 41 Probestämme schon 1895 von mir ausgewählt, gefällt, aufgenommen und zum größten Teil zuwachsgerecht berechnet sind, fand ich im fortgesetzten Drang der Dienstgeschäfte und wegen der unerwartet zeitraubenden alljährlichen Bearbeitung der Durchforstungsversuchsflächen schlechterdings nicht die nötige Muße zum Abschluß und zur Veröffentlichung.

Deshalb sei hier einiges über jene Altbuchen verraten. Dieselben wurden, mit Göthe, Schiller, Bonaparte ins Leben getreten, um die Zeit der französischen Revolution übergehalten, vielleicht aus Furcht vor Holznot. Die Verteilung dieser durchschnittlich etwa 30—50 jährigen „Laßraitel" war über den ganzen Schurwald hin eine sehr regelmäßige, etwa alle 15 m. Die Auswahl war offenbar nichts weniger als sorgfältig und in dem freien Stand, den diese bis dahin in ziemlich gedrängtem Schluß erwachsenen Stämme von dort an ihr Leben lang behielten, nahmen sie bei denkbar größter Raumverschwendung und ungeheuren Kronen zur Mehrzahl sehr ungünstige Schaftformen an. Nur ein kleiner Teil dieser Altbuchen gibt durch besondere Gunst der Verhältnisse langschäftige, astreine, ein nicht viel größerer Teil kurzschäftige Nutzstämme. Von 2123 über 50 cm starken, auf 132 ha stockenden solchen Buchen liefern nach hiesiger Untersuchung am stehenden Stamm

21 % über 7 m langes astreines Stammholz,
17 „ „ 7 „ „ rauhes „
12 „ bis zu 7 „ „ astreines „
27 „ „ „ 7 „ „ rauhes „
12 „ teilweise Ausschußspälter, aber kein Stammholz,
11 „ (in Wirklichkeit wohl noch ziemlich mehr) bloß rauhes Brennholz.

Aber etwas besonderes zeigen diese Altbuchen sämtlich ohne Ausnahme und das ist die unschätzbare stumme Lehre, die sie erteilen und vor der

[1] „Die Riesenbuchen des Schurwaldes." Allg. Forst- und Jagdzeitung 1898, S. 17—20 und „Ein Beitrag zur Bestandesschätzung." Forstwissensch. Zentralbl. 1899, S. 415—422.

jeder Beschauer unwillkürlich gedankenvoll stille steht: die ersten 30 bis 50 Jahrringe auf dem Stock besitzen zwar meistens die normale Breite mäßig wüchsiger Raitel dieses Alters. Am Schluß dieses Zeitraumes kommt ferner die Bildung schmaler Jahrringe bis zu 0,7 mm herunter oft vor. Ähnlich wie bei der Weißtanne mit ihrem engringigen Kern beginnt aber mit dem Augenblick der Freistellung dieser Buchen ein ganz unbändiger Zuwachs. Jahrringe von 0,5—1,0 cm und mehr Breite, so daß man sie mühelos vom Pferd aus zählen kann, bilden die Regel, und dies dauert, was die Hauptsache ist, nicht bloß einige Jahre, sondern ungehemmt 3—4—5, selbst 6 Jahrzehnte fort und nimmt nur ganz allmählich ab. Die Jahrringbreite beträgt dann das 3—10fache, meistens 4—6fache derjenigen vor der Freistellung, bei welcher diese Stämme am Stock 15—20 cm stark waren. Wenn trotzdem der Holzvorrat solcher Bestände ein überraschend geringer ist, nämlich nur 250—350 Fm auf 1,0 ha, so kommt dies von der unverhältnismäßig geringen Stammzahl dieser Altbuchenbestände mit ihrem zwischenständigen, meistens verhältnismäßig schwachen, 100jährigen Füllholz; diese Stammarmut ist aber nur eine naturgemäße Folge der unbeschränkt frei erwachsenen Baumkronen.

Betrachten wir das gerade entgegengesetzte Bild: unsere annähernd gleichaltrigen, geschlossenen, sogenannten normalen haubaren Buchenbestände, so zeigen diese viel größeren Gesamtvorrat an Holzmasse, beträchtliche Kreisflächensumme, zugleich aber auch hohe Stammzahlen und dementsprechend geringe Stärke, Masse und Werte des Einzelstammes.

Was ist nun der „goldene" Mittelweg? Offenbar: Erzielung vereinbar größter und zugleich wertvollster Holzmasse auf dem ha im Gewand einer mittelgroßen Zahl ziemlich langschäftiger, möglichst senkrechter, gerader und astreiner Stämme mit verhältnismäßig bestbezahltem Durchmesser bei mäßigem Bestandesalter.

Das ist aber nichts anderes, als der Grundgedanke der freien Durchforstung, die indes keineswegs auf die Buche beschränkt, im Gegenteil auf jede Holzart anzuwenden ist, auf jedes Durchforstungsalter und jede Bestandesmischung. Damit kehren wir zu dem Ausgangspunkt dieser Abschweifung zurück.

An der eingangs genannten Stelle des Loreyschen Handbuches ist das nicht besonders erwähnt, was eigentlich den Kern der freien Durchforstung bildet: die Schaftformklassen[1]) und deren stufenweise Behandlung. Doch hob ich diesen Punkt schon im September 1902, S. 305 der Allgem. Forst- und Jagdzeitung besonders hervor, unter näherer Angabe der Grundsätze, welche die Freie Durchforstung von anderen Richtungen in sich aufnahm.

Selbst nach mehreren Veröffentlichungen über den eigenartigen, bis ins kleinste nachgewiesenen, jährlichen Zuwachs auf meinen Versuchsflächen wurde der Freien Durchforstung kaum Erwähnung getan. Herr Dr. Laschke z. B. schwieg sie tot in seiner „Geschichtlichen Entwicklung des Durchforstungsbetriebes in Wissenschaft und Praxis" vom Jahre 1902. Er behauptet zwar, bezüglich der Durchforstungen gelte ganz besonders das Wort Ben Akibas: „Es ist alles schon dagewesen", sowie: „Neue Gesichtspunkte und neue Ideen können auf diesem Gebiet in Zukunft kaum noch geboten werden". Wer derartige Sprüche tut, sollte vorher immerhin nachweisen, durch welche mehrjährige, selbständige und verantwortliche Tätigkeit im Durchforstungsbetrieb er seine Behauptungen erhärten will. Sonst muß er sich die Vermutung gefallen lassen, z. T. das Sprachrohr Dritter zu sein.

Daß es aber trotzdem noch neue Gesichtspunkte zu geben scheint, geht daraus hervor, daß ich 1902 genötigt war, S. 12 der Neuen Forstlichen Blätter meine Erstlings-Ansprüche an die Schaftformklassen nachdrücklich gegen jemand zu wahren, der ihre Auffindung und Aufstellung hatte „auf 99 Jahre pachten" wollen. Auch Herr Forstrat Dr. Böhmerle von der durch ihre feinen Untersuchungen bekannten forstlichen Versuchsanstalt Mariabrunn teilt die Laschkesche Ansicht offenbar nicht, denn er sagt 1902 in seiner Abhandlung „Über die Vornahme genauer Kluppierungen" S. 5: „Wir verweisen an dieser Stelle auch auf die hochinteressanten, mit den unseren zum Teile parallel laufenden Untersuchungen, welche der königlich württembergische Oberförster Dr. Heck in Adelberg in Nr. 25 und 26 des Wochenblatts für Forstwirtschaft „Aus dem Walde" in diesem Jahre unter dem Titel „Zur Freien Durchforstung" veröffentlicht hat." Ferner kommt

[1]) Vergl. Anhang I, S. 95: Die Schaftformklassen.

Herr Dr. B. Schüpfer S. 38 seiner Schrift über „Die Entwicklung des Durchforstungsbetriebes usw." 1903 auf die Freie Durchforstung näher zu sprechen.

Herr Oberforstmeister Dr. Borggreve dagegen äußert sich S. 354 der Zeitschrift für Forst- und Jagdwesen, Jahrgang 1903, dahin: „Es gibt nur 2 essentielle Verschiedenheiten für die Durchforstung: die prinzipaliter auf den zurückbleibenden und die ebenso auf den vorwachsenden Stamm hauende. Alles andere sind graduelle, m. a. W. verschwimmende Nuancen, für die wir keinen der vielen empfohlenen Namen brauchen, wie sie nur die Examensnot unserer Referendare vergrößern. Außerdem hat im wissenschaftlichen Leben nur der wissenschaftliche Urheber das Recht zum Taufakt." Man könnte mit demselben Recht behaupten: es gibt nur 2 Möglichkeiten: entweder das Kind dauernd im Bade zu lassen oder es samt dem Bade auszuschütten.

Es würde sich wahrlich nicht lohnen und müßte gegen die Grundforderung der Bescheidenheit verstoßen, wenn ich aus persönlichen Gründen mich für die Freie Durchforstung zu wehren von neuem Anlaß nähme. Was ist der Name eines einzelnen Menschen? Er ist mit den seltensten Ausnahmen in einigen Jahren, spätestens Jahrzenten vergessen. Ich bitte, mir zu glauben, daß es mir nur um die Sache der Freien Durchforstung zu tun ist, und da weiß ich genau, daß ich einen guten Kampf kämpfe. Ich habe nicht bloß die lebendige Überzeugung, sondern glaube es voraussagen zu können, daß die Freie Durchforstung, vor allem im Laubwald, aber auch im Lärchen-, Kiefern- und Weißtannenbestand, selbst in Fichten in absehbarer Zeit nicht mehr bloß als eine der „besonderen" Durchforstungsarten gilt, sondern die Durchforstung des großen Betriebes sein wird. Das ist keine „Spekulation". Dadurch, daß der Lichtwuchshieb erst etwa im 50. Jahr einsetzt, wird der gesunde Boden der Erfahrung und der kräftige Erdgeruch der Wirklichkeit nicht verlassen. Es wird nur rechtzeitig, statt verspätet geübt, was die großen Schneedruckschäden (z. B. vom Dezember 1886) bei Einzelbruch und teilweiser Freistellung mit ehernem Griffel vorzeichneten.

Zur wissenschaftlichen Begründung der Freien Durchforstung genügen mir meine 2 Buchen-Versuchsflächen im Staatswald VII $10 c_2 d$ Rauwiesle und die 1899 von mir angelegte Eschen-Versuchsfläche im Staatswald VII 28c Fezendöbele des Reviers Adelberg. Es wäre eine Lust, noch weitere Versuchsflächen hier einzurichten, namentlich eine in 21jährigen Weimutskiefern der Abteilung II 6a Tannweiler und eine andere in 50jährigen, durch schöne Schaftform ausgezeichneteu Hainbuchen der Abteilung IX 23d Lemberg. Aber woher die Zeit dazu nehmen? Um die später folgenden, ungezählten Berechnungen auszuführen, mußte ich trotz der sehr bedeutenden Erleichterung durch den logarithmischen Rechenstab, bezw. Weberschen Rechenkreis, seit $^3/_4$ Jahren fast täglich bis Mitternacht und länger arbeiten, weil ich amtshalber bei Tag keine Zeit finde. Das hält man aber auf die Dauer nicht aus, ohne sich zugrunde zu richten. Da vergeht die Lust zu weiteren Versuchsflächen von selbst. Sodann steht die Rechenhilfe für die untergeordneten, aber sehr zeitraubenden Arbeiten des Aufschlagens, Nachprüfens und Herausschreibens der Kreisflächen, die ich 6 Jahre lang hatte, künftig nicht mehr zur Verfügung. Findet sich kein Ersatz, so muß ich überhaupt die fernere Bearbeitung der Versuchsflächen einstellen, obgleich die Wuchsverhältnisse noch jahrelang weiter beobachtet und die Eschenfläche im Herbst 1904 nach 5jährigem Zeitraum wieder durchforstet werden sollte.

Es wurde schon eingewendet, 3 Versuchsflächen seien bei weitem ungenügend, um allgemeine Schlüsse zu ziehen. Aber es kommt durchaus nicht auf die Zahl der Versuchsflächen an, sondern auf ihre Güte und Genauigkeit. Auch hierin freue ich mich, auf Herrn Forstrat Dr. Böhmerle mich berufen zu können. Derselbe sagt in dem bereits erwähnten Aufsatz (Über Vornahme genauer Kluppierungen) im Schlußsatz S. 24: „Wir können schließlich Herrn Dr. Heck vollständig beipflichten, wenn er sich dahin ausspricht, daß man mit wenigen, in genauer Evidenz gehaltenen Versuchsflächen rascher und zuverlässiger zum Ziel gelangt, als mit einer großen Reihe roher Aufnahmen. Dies ist seit Jahren auch unsere vollste Überzeugung.“ Ganz ähnlich lautet das Urteil auf S. 23 seiner ausgezeichneten Schrift: „Bisherige Erfahrungen aus einigen Durchforstungs- und Lichtungsversuchsflächen der k. k. forstlichen Versuchsanstalt in Mariabrunn. Anläßlich der Pariser Weltausstellung 1900.“

Bei der Versammlung des internationalen Verbandes der Forstlichen Versuchsanstalten zu Mariabrunn im Herbst 1903 wurde u. a. empfohlen, die Grundlagen der Versuchsarbeiten möglichst vollständig zu veröffentlichen. Nun bin ich von diesem Verband durchaus unabhängig und gehe wissenschaftlich ganz meine eigenen Wege. Aber auch ich halte diesen Vorschlag für wichtig und wertvoll und möchte dementsprechend mit meinen wenigen Versuchsflächen verfahren.

Es folgt zunächst in Tafel I, Bild 1—3, die Darstellung der Flächen nach ihrer Lage, dann behufs Raumersparnis in abgekürzter Form als Übersicht 1, S. 8, die Stammzahlaufnahme von 1901. Dieselbe geschah tatsächlich nicht nach 2, sondern nach ½ cm abgestuft und mit getrennter Messung des NS- und OW-Durchmessers, ergibt somit das Doppelte der damaligen Stammzahl.

Diese Stammzahlen von 1901 sind in der Absicht gewählt, diejenigen anzugeben, welche nach der 1., aber vor der 2. Behandlung der Flächen auf Freie bezw. Kraftsche Durchforstung vorhanden sind.

Im übrigen sei hinsichtlich der weiteren Zahlen und der seitherigen Zuwachsergebnisse auf meine alljährlichen Veröffentlichungen hingewiesen, die unter der Aufschrift „Zur Freien Durchforstung" erschienen:

1898 Aus dem Walde S. 361—364.
1899 „ „ „ S. 393—398.
1901 „ „ „ Nr. 25 und 26.
1902 Neue forstliche Blätter S. 2—5 und 11—14.
1902 Allgemeine Forst- und Jagdzeitung S. 298—309.

Die Zuwachsergebnisse für 1902 sind noch nicht veröffentlicht und folgen deshalb, aber abgekürzt, Seite 11 und 12 als Übersicht 2 und 3.

Die Buchenflächen in Rauwiesle mußten im Herbst 1902 wieder durchforstet werden. Dabei wurde jeder einzelne der 130 angefallenen Durchforstungsstämme in 2 m langen Abschnitten vermessen (wie man früher nur die Probestämme behandelte). Sämtliche mit dieser Durchforstung und Wiederaufnahme in Verbindung stehenden Arbeiten häuften sich derart an, daß ich sie neben dem Amt nur mit dem letzten Aufgebot von Anstrengung jetzt endlich zu bewältigen vermochte. Wer im Versuchswesen schon arbeitete, wird dies aus den später folgenden, wenn auch stark zusammengezogenen Zahlenangaben leicht erkennen. Weitere Schwierigkeiten, die im Wege standen, sind hier nicht zu erörtern.

Übersicht 1.

Forst Adelberg. Zahl (doppelt) und Stärke der Stämme auf den 3 Versuchsflächen im Herbst 1901.

Brustdurchmesser	Rotbuchen im Staatswald Rauwiesle:											Eschen im Staatswald Fezendöbele:		
	Untere Fläche (Kraftsche mäßige Durchforstung). Alter (1904): 64jährig						Obere Fläche (Freie Durchforstung). Alter (1904): 65jährig					(1904): 51jährig. Freie Durchforstung		
cm	Buchen	Eichen	Eschen	Ahorn	Birken	Tannen	Buchen	Eichen	Eschen	Ahorn	Tannen	Eschen	Ahorn	Erlen
4	—	—	—	—	—	—	—	—	—	—	—	—	—	—
6	2	—	—	—	—	—	—	—	—	—	11	—	—	—
8	6	—	—	—	—	—	13	—	—	1	3	3	—	—
10	67	—	—	2	—	6	58	—	—	1	—	6	—	—
12	100	—	—	2	—	—	49	—	—	—	—	20	—	2
14	120	—	—	—	—	—	65	3	—	—	—	35	—	—
16	125	1	1	—	—	—	66	3	—	—	—	58	—	2
18	74	2	2	—	—	—	69	2	—	—	—	58	2	—
20	45	5	1	—	—	—	54	—	—	—	—	56	1	—
22	44	—	—	—	—	—	45	—	—	—	—	36	1	—
24	14	—	—	—	—	—	28	—	—	—	—	24	—	—
26	8	—	—	—	—	—	10	—	—	—	—	8	—	—
28	7	—	—	—	2	—	14	—	—	—	—	5	—	—
30	8	—	—	—	—	—	3	—	—	—	—	1	—	—
32	—	—	—	—	—	—	3	—	—	—	—	—	—	—
34	—	—	—	—	—	—	1	—	—	—	—	—	—	—
	620	8	4	4	2	6	478	8	—	2	14	310	4	4
	644 : 2 = 322 Stück auf 0,2513 ha = 1285 auf 1,0 ha (vor der 1897er Durchforstung: 1978 Stück).						502 : 2 = 251 Stück auf 0,2490 ha = 1008 auf 1,0 ha (vor der 1897er Durchforstung: 1518 Stück).					318 : 2 = 159 Stück auf 0,2680 ha = 593 auf 1,0 ha (vor der 1899er Durchforstung: 758 Stück).		

2. Abschnitt.

Die Zuwachsergebnisse der Adelberger Versuchsflächen von 1898—1902.

Diese beziehen sich fast ausschließlich auf den Zuwachs an Kreisfläche in Brusthöhe. Es erschien nicht unumgänglich, nach 5 Jahren schon wieder Buchenprobestämme zu fällen, was auch in Rücksicht auf den umgebenden Bestand besser vermieden wurde.

Ein Versuch, trotzdem die Massenermittlung vorzunehmen, folgt S. 48, 49, 52—55.

Zunächst sei daran erinnert, daß die alljährliche Aufnahme der durchweg numerierten Stämme auf mm genau (seit 3 Jahren mit der ausgezeichneten Magnaliumkluppe) erfolgte und zwar an dem für jeden Stamm bestimmten O- und S-Punkt in 1,3 m Höhe der Schaftachse.

Schon 1899 widersprach ich (Aus dem Walde S. 349) der Annahme, die Herr Dr. Bertog bewiesen zu haben glaubte, es „sei ganz unmöglich, einen Jahreszuwachs oder den Einfluß von Witterung usw. auf den Zuwachs aufeinander folgender Jahre durch Kluppen zu finden, selbst wenn man die Querflächen nach mm-Stufen berechnet“ und zwar jedenfalls für glattrindige Holzarten. Auch hier kann ich mich wieder auf Herrn Forstrat Dr. Böhmerle mit Erfolg berufen. Derselbe sagt im vorletzten Satz seines schon 2 mal erwähnten Aufsatzes von 1902 „Über die Vornahme genauer Kluppierungen“ ausdrücklich: „Wir wollten ja lediglich nur zeigen, daß selbst auch in rauhborkigen Beständen — und dies ist ja die Schwarzföhre in hohem Maße — es sehr gut möglich ist, den Jahreszuwachs zu ermitteln, allerdings mit den gebotenen Vorkehrungen und Vorsichten.“

1901 stellte mir die k. k. forstliche Versuchsanstalt zu Mariabrunn in äußerst dankenswerter Weise ihre Friedrichsche Magnaliumkluppe zur Verfügung; 1902 spendete die K. Forstdirektion in Stuttgart für die Adelberger Versuchsflächen eine solche mit nutzbarer Länge von 60 cm im Preis von 22,12 Mk. (= 26 Kronen) von Gebrüder Fromme in Wien. An derselben wurde die Verbesserung angebracht, die ich 1901 mit näherer Begründung in „Aus dem Walde“ vorschlug, nämlich Erbreiterung der inneren Schnabelflächen auf 24 mm. Trotzdem wiegt diese sehr fein gearbeitete Magnaliumkluppe, mit der man sogar auf halbe mm genau ablesen könnte, nur **720** g (die nicht erbreiterte 660), gegenüber 735 g der Heyerschen Holzkluppe mit 80 cm nutzbarer Länge, und 1720 bezw. 3190 g des Aluminium- bezw. Eisenkubierungsgabelmaßes von 100 cm solcher Länge der Schiene.

Von den bereits veröffentlichten Ergebnissen der 3 Adelberger Versuchsflächen seien nur wenige Punkte hier hervorgehoben:

Der ostwestliche Durchmesser ist bei Buche wie Esche gleichmäßig um durchschnittlich etwa 3 mm größer, als der nordsüdliche.

Die kreuzweise Aufnahme auf halbe cm ist durchaus ungenügend, um den Jahreszuwachs festzustellen, gibt vielmehr ganz unbrauchbare Zahlen für denselben.

Im Nebenbestand wird die α[1])-Schaftform immer seltener. Im Hauptbestand ist der Zuwachs um so größer, je besser die Schaftform ist. Dies trifft auch zu, wo die besten Schaftformen grundsätzlich nicht durch Freihieb begünstigt sind.

Die wichtigste Schaftformklasse IIα liefert bei der Buche $^1/_5$—$^1/_3$, bei der Esche $^3/_4$ des ganzen Stammgrundflächenzuwachses.

Der Gesamtzuwachs ist in den einzelnen Jahrgängen starken Schwankungen unterworfen und bei Buche und Esche keineswegs gleichlaufend.

Die Freie Durchforstung erzeugt (zunächst bei der Buche, aber wohl allgemein) trotz geringerer Kreisflächensumme höheren Zuwachs, arbeitet also mit erheblich größerem Zuwachsprozent, als die bisher übliche (Kraftsche usw.), und dieser stärkere Zuwachs erfolgt obendrein an den wertvolleren Schäften.

Ein Einfluß der Wärmeverhältnisse von Januar bis März im Sinne von Herrn Prof. Dr. Schwarz in Eberswalde auf den Jahreszuwachs von Buche und Esche läßt sich bis jetzt nicht erweisen.

Es wäre nun zunächst der Zuwachs auf den 3 Versuchsflächen im Jahrgang 1902 zu veröffentlichen, wozu sich bisher schlechterdings keine Zeit gefunden hatte, sowie der 3jährige Zuwachs für die Eschenfläche und der 5jährige für die Buchenflächen. Mit

[1]) Vergl. Anhang I, S. 95: Die Schaftformklassen.

Ausnahme des letzteren, der näher zu behandeln ist, möge aus der großen Menge von Zahlen nur ein gedrängter Überblick nachstehend folgen.

Auf der Eschenfläche war der Kreisflächen-Zuwachs in qcm (auf 0,2680 ha):

Übersicht 2.

Kraftsche Stammklassen:	Vom 5. Oktober 1901 bis 20. Oktober 1902: Hecksche Schaftformklassen			Vom 6. Oktober 1899 bis 20. Oktober 1902: Hecksche Schaftformklassen					
	α	β	zusammen	α		β		zusammen	
	qcm	qcm	qcm	qcm	%	qcm	%	qcm	%
I	82	52	134	183	5	124	3	307	8
	4,2'	3,0	3,6	3,3		2,5		2,9	
II	998	195	1193	2193	58	416	11	2609	69
	4,3	2,2	4,1	3,4		2,3		3,1	
III	123	70	193	260	7	142	4	402	11
	3,6	4,2	3,8	2 6		2,9		2,7	
I/III	1203	317	1520	2636	69	682	18	3318	87
	4,2	3,3	4,0	3,3		2,5		3,1	
IVa/Vb	95	131	226	196	5	288	8	484	13
	3,0	3,9	3,4	2,1		3,0		2,5	
I/Vb	1298	448	1746	2832	75	970	25	3802	100
	4,1	3,5	3,9	3,1		2,6		3,0	
auf 1,0 ha:	**0,484**	**0,166**	**0,650**	**1,058**		**0,362**		**1,420** qm	

Anmerkung. Die unter den qcm stehenden Zahlen bedeuten das Zuwachsprozent, die hinter den qcm stehenden Zahlen bedeuten den Prozentanteil am Gesamtzuwachs.

Auf den Buchenflächen war der Kreisflächenzuwachs vom 4. Oktober 1901 bis 20 Oktober 1902: (Siehe Übersicht 3, Seite 12.)

Die Kreisflächensummen dieser 3 Versuchsflächen sind in Übersicht 4 S. 15 (Buchen 1902) und 9 S. 21 (Eschen 1903) zu ersehen, ebenfalls nach Stamm- und Schaftformklassen.

Ein vergleichender Blick auf diese Zahlen bestätigt die bisherigen Ergebnisse. Auffallend ist die Tatsache, daß der Zuwachs der Eschenfläche im Jahre 1902 besonders groß ist, fast die Hälfte des 3jährigen, und der Zuwachs der Buchenflächen wieder sehr zurückging, sogar unter den der Eschen. Später hiervon mehr.

Übersicht 3. Kreisflächenzuwachs der Buchenflächen im Jahr 1902.

Kraftsche Stammklassen:	Hecksche Schaftformklassen							
	α		β		γ		Im ganzen	
	qcm	%	qcm	%	qcm	%	qcm	%
Untere Fläche (mäßige, Kraftsche Durchforstung).								
I	68		53		67		201	
II	332	22	407	27	146	9	889	58
	2,6		2,7		2,1		2,5	
III	51		100		96		253	
I/III	451	29	560	37	309	20	1343	88
	2,5		2,4		2,0		2,3	
IV/V	11		54		121		186	
	1,8		1,8		1,3		1,5	
I/V	462	30	614	40	430	28	1529	100
	2,4		2,3		1,7		2,2	
auf 1,0 ha:	**0,184**		**0,244**		**0,171**		**0,608** qm	
Obere Fläche (Freie Durchforstung).								
I	41		85		48		174	
II	466	30	367	24	98	6	940	61
	2,94		2,86		2,1		2,5	
III	54		67		98		219	
I/III	561	36	519	34	244	16	1333	86
	3,0		2,5		2,5		2,7	
IV/V	9		50		149		208	
	2,0		1,9		1,5		1,6	
I/V	570	37	569	37	393	25	1541	100
	2,9		2,5		2,0		2,5	
auf 1,0 ha:	**0,229**		**0,228**		**0,158**		**0,619** qm	

Anmerkung. Die unter den qcm stehenden Zahlen bedeuten das Zuwachsprozent, die hinter den qcm stehenden Zahlen bedeuten den Prozentanteil am Gesamtzuwachs.

Da es üblich, wenigstens arbeitsplanmäßig ist, die Versuchsflächen von 5 zu 5 Jahren von neuem aufzunehmen, so wären die

Buchenflächen im Herbst 1902 wieder zu behandeln gewesen. Dies geschah denn auch, nur mit dem Unterschied, daß keine Probestämme aufgesucht und gefällt wurden, um eine frische Holzmassenaufnahme zu ermöglichen. Vor einigen Jahren regte ich die Anschaffung einer verschiebbaren und auf 2 Rädern fahrbaren Leiter von 12—15 m für Aufastungszwecke an. Mit dieser wären dann auch beliebig viele Probestämme ohne Fällung aufgenommen worden. Ich wußte damals noch nicht, daß dies tatsächlich von der schweizerischen forstlichen Versuchsanstalt nun so gehandhabt wird. Die Leiter wurde nicht angeschafft; der Fällung von Probestämmen standen Hindernisse im Weg. So mußte die Erhebung der Stammgrundflächen in 1,3 m Höhe genügen.

Nun darf zwar nicht übersehen werden, daß an mäßig freigehauenen Stämmen der Zuwachs sich ein klein wenig anders anlegt, als bei strengem Bestandesschluß, und zwar, daß er sich gerade in Brusthöhe verhältnismäßig etwas stärker ablagert, als weiter oben. Die Wirkung auf die Holzmasse ist somit ein wenig anders als auf die Stammgrundfläche. Indes handelt es sich für die Zwecke der Freien Durchforstung nicht um vollständige Freistellung, sondern nur um mäßigen Freihieb durch Beseitigung von je 1, höchstens, und tunlich ausnahmsweise, 2 Stämmen, welche die Kronen der zu begünstigenden Bäume beeinträchtigen.

Um die Wirkung verschiedener Durchforstungsweise kennen zu lernen, bildet es daher ohne Zweifel einen hinlänglichen Ersatz, wenn statt der Holzmassen die Stammgrundflächen verglichen werden. Dabei fällt sehr ins Gewicht, daß die Ermittlung der Holzmassen auch bei zahlreichen Probestämmen immer nur eine sehr näherungsweise bleibt, die der Kreisflächen dagegen bei kreuzweiser Messung auf mm an festen Punkten nahezu haarscharf erhoben werden kann. Dies dürfte den besprochenen Nachteil so ziemlich aufwiegen.

Hätte es aber nicht genügt, die Stammgrundflächen, statt alljährlich, nach 5 Jahren wieder genau aufzunehmen? Dadurch wäre doch eine Unmenge von Arbeit erspart worden, welche durch die alljährlichen Aufnahmen von 732 Stämmen (bezw. 1464 wegen der doppelten Messung), das Aufschlagen der Kreisflächen, ihr klassenweises Ausziehen, Zusammenstellen und die Berechnungen entstand. Gewiß. Aber die gründliche Forschung hat auch ihre Rechte und Pflichten, und wer in solchen selbständigen, zielbewußten Arbeiten zuweilen mehr Befriedigung findet, als im alltäglichen angespannten und doch so oft recht untergeordneten Dienst, der läßt die Hand nicht sinken, selbst wenn es durch Jahre geht und der Umfang der Arbeit fast niederdrücken will. Dem blühen aber auch bei der Lampe Dämmerschein Blumen in herber Pracht, welche die Mehrzahl nicht kennt, kaum sieht. Nicht die geringste davon heißt die Befriedigung, eigene steile aussichtsreiche Wege zu gehen, wo nicht das Gängelband der Bevormundung da und dort drückt und gelegentlich liebloser Tadel bereit steht.

Nachstehend folgen nun ausführlich, wegen des 5 jährigen Zeitraumes seit der 1. Aufnahme der beiden Buchenbestände, die Kreisflächen und der Zuwachs für die einzelnen Schaftformklassen von Oktober 1897/1902, die seit 1898 immer nur in gedrängtem Auszug veröffentlicht wurden. Siehe Übersichten 4 und 5, S. 15—17.

Sämtliche Zahlen sind genau und Fehler ausgeschlossen, weil jeder Posten mehrmals gerechnet und 1—2 mal nachgeprüft ist. Wo es sich um derart scharfe Messungen handelt, sind auch noch so geringe Unrichtigkeiten unbedingt auszuschalten, die sich nicht innerhalb der sehr engen Fehlergrenzen von 1—2 mm bewegen.

Vor der Durchforstung im Herbst 1897 waren die Kreisflächen nahezu gleich gewesen, auf der unteren Fläche (U) = 30,6 qm für 1,0 ha, auf der oberen Fläche (O) = 31,0 qm. Infolge jener Durchforstung fielen diese Zahlen in U auf 25,4 qm, in O auf 22,2 qm und stiegen nun in 5 Jahren wieder um 3,3 bezw. 3,5 qm auf 28,7 und 25,7 qm für 1,0 ha.

Die Übersichten 4 und 5, S. 15—17, über den 5 jährigen Flächenzuwachs sprechen zwar sehr deutlich für sich selber, doch mögen noch einzelne Zahlen und Tatsachen besonders hervorgehoben werden.

Die gleichnamigen Schaftformklassen arbeiten auf der oberen Fläche, also bei Freier Durchforstung im Hauptbestand durchweg mit höherem Zuwachsprozent, als auf der unteren Fläche bei Kraftscher Durchforstung in dem um 1 Jahr jüngeren Bestand.

Übersicht 4.

Forst Adelberg. Buchenversuchsflächen im Staatswald VII 10 Rauwiesle.

Kraftsche Stamm-klassen	Untere Fläche (0,2513 ha); Herbst 1897 „mäßig" (nach Kraft) durchforstet. Kreisflächen am 20. Oktober 1902 vor der Durchforstung im Herbst 1902 qm: Hecksche Schaftformklassen							
	α	β	γ	δ	ε	ζ	η	zusammen
I	0,2600 3,6	0,2216 3,1	0,3244 4,5	—	0,0596 0,8	—	—	0,8656 12,0
II	1,2970 **17,9**	1,5605 21,6	0,7097 9,8	—	—	—	0,0291 0,4	3,5963 49,7
III	0,2815 3,9	0,5889 8,1	0,5748 8,0	0,0163 0,2	—	—	0,0146 0,2	1,4761 20,4
I/III	1,8385 **25,4**	2,3710 32,8	1,6089 22,3	0,0163 0,2	0,0596 0,8	—	0,0437 0,6	5,9380 82,1
IVa	0,0405 0,6	0,1870 2,6	0,5493 7,6	—	—	—	—	0,7768 10,8
IVb	0,0207 0,3	0,1029 1,4	0,3468 4,8	—	—	—	—	0,4704 6,5
Va	—	0,0177 0,2	0,0218 0,3	—	—	—	—	0,0395 0,5
Vb	—	—	—	—	—	—	—	—
IVa/Vb	0,0612 0,8	0,3076 4,3	0,9179 12,7	—	—	—	—	1,2867 17,8
I/Vb	1,8997 **26,3**	2,6786 37,1	2,5268 35,0	0,0163 0,2	0,0596 0,8	—	0,0437 0,6	7,2247 100,0
: 0,2513 =	**7,57**	**10,64**	**10,07**	**0,06**	**0,24**	—	**0,17**	**28,75** qm auf 1,0 ha.

Kraftsche Stamm-klassen	Obere Fläche (0,2490 ha); Herbst 1897 „frei" durchforstet. Kreisflächen am 20. Oktober 1902 vor der Durchforstung im Herbst 1902 qm: Hecksche Schaftformklassen							
	α	β	γ	δ	ε	ζ	η	zusammen
I	0,1277 2,0	0,4040 6,3	0,2160 3,4	—	—	—	—	0,7477 11,7
II	1,6368 **25,6**	1,3176 20,6	0,4726 7,4	—	0,0403 0,6	—	—	3,4673 54,3
III	0,1921 3,0	0,3858 6,0	0,3000 4,7	—	—	—	—	0,8779 13,7
I/III	1,9566 **30,6**	2,1074 33,0	0,9886 15,5	—	0,0403 0,6	—	—	5,0929 79,7
IVa	0,0301 0,5	0,1905 3,0	0,3685 5,8	—	—	—	—	0,5891 0,2
IVb	0,0077 0,1	0,0423 0,7	0,3515 5,5	—	—	—	—	0,4015 6,3
Va	0,0071 0,1	0,0210 0,3	0,2378 3,7	—	—	—	—	0,2659 4,1
Vb	—	0,0070 0,1	0,0357 0,6	—	—	—	—	0,0427 0,7
IVa/Vb	0,0449 0,7	0,2608 4,1	0,9935 15,5	—	—	—	—	1,2992 20,3
I/Vb	2,0015 **31,4**	2,3682 37,1	1,9821 31,0	—	0,0403 0,6	—	—	6,3921 100,0
: 0,2490 =	**8,05**	**9,52**	**7,95**	—	**0,15**	—	—	**25,67** qm auf 1,0 ha.

Anmerkung. Die unter den Kreisflächen stehenden kleineren Zahlen bedeuten den prozentischen Anteil an der Gesamtkreisfläche.

Übersicht 5.

Forst Adelberg. Buchenversuchsflächen im Staatswald VII 10 Rauwiesle.

Kraftsche Stammklassen	Untere Fläche (0,2513 ha); Herbst 1897 58jährig **„mäßig"** (nach Kraft) durchforstet. Fünfjähriger Kreisflächenzuwachs vom 5. Oktober 1897 bis 20. Oktober 1902. Hecksche Schaftformklassen															
	α		β		γ		δ		ε		ζ		η		zusammen	
	qm	%	qm	%	qm	%	qm	%	qm	%	qm	%	qm	%	qm	%
I	0,0396 3,59	4,7	0,0270 2,78	3,2	0,0470 3,38	5,6	—	—	0,0078 3,01	0,9	—	—	—	—	0,1214 3,26	14,5
II	0,1861 3,35	**22,2**	0,2100 3,11	25,0	0,0856 2,75	10,2	—	—	—	—	—	—	0,0010 0,71	0,1	0,4827 3,10	57,5
III	0,0295 2,34	3,5	0,0615 2,33	7,3	0,0523 2,03	6,2	0,0014 1,88	0,2	—	—	—	—	0,0019 2,91	0,2	0,1466 2,20	17,4
I/III	0,2552 **3,22**	**30,4**	0,2985 2,88	35,5	0,1849 2,59	22,0	0,0014 1,88	0,2	0,0078 3,00	0,9	—	—	0,0029 1,42	0,3	0,7507 2,90	89,4
IV a	0,0031 1,66	0,4	0,0147 1,71	1,7	0,0392 1,54	4,7	—	—	—	—	—	—	—	—	0,0570 1,58	6,8
IV b	0,0020 2,14	0,2	0,0074 1,55	0,9	0,0147 0,88	1,8	—	—	—	—	—	—	—	—	0,0241 1,08	2,9
V a	—	—	0,0035 4,92 (Tannen)	0,4	0,0048 5,64	0,6	—	—	—	—	—	—	—	—	0,0083 5,32	1,0
V b	—	—	—	—	—	—	—	—	—	—	—	—	—	—	—	—
IV a/V b	0,0051 1,82	0,6	0,0256 1,82	3,0	0,0587 1,37	7,0	—	—	—	—	—	—	—	—	0,0894 1,49	10,6
I/V b	0,2603 3,18	31,0	0,3241 2,76	38,6	0,2436 2,13	29,0	0,0014 1,88	0,2	0,0078 3,00	0,9	—	—	0,0029 1,42	0,3	0,8401 2,63	100,0
: 0,2513 =	**1,04**		**1,29**		**0,97**		**0,00**		**0,03**		—		**0,01**		**3,34** qm auf 1,0 ha = jährl. 0,67 qm.	

Übersicht 5 (Fortsetzung).

Kraftsche Stammklassen	Obere Fläche (0,2490 ha); Herbst 1897 59jährig „**frei**“ durchforstet.															
	Fünfjähriger Kreisflächenzuwachs vom 5. Oktober 1897 bis 20. Oktober 1902															
	Hecksche Schaftformklassen															
	α		β		γ		δ		ε		ζ		η		zusammen	
	qm	%	qm	%	qm	%	qm	%	qm	%	qm	%	qm	%	qm	%
I	0,0241 4,65	2,6	0,0526 3,00	5,7	0,0315 3,41	3,4	—	—	—	—	—	—	—	—	0,1082 3,39	11,8
II	0,2837 4,19	**30,8**	0,2124 3,84	23,2	0,0686 3,40	7,5	—	—	0,0035 1,91	0,4	—	—	—	—	0,5682 3,92	61,8
III	0,0307 3,80	3,3	0,0481 2,85	5,3	0,0374 2,84	4,1	—	—	—	—	—	—	—	—	0,1162 3,06	12,7
I/III	0,3385 **4,19**	**36,8**	0,3131 3,48	34,1	0,1375 3,23	15,0	—	—	0,0035 1,91	0,4	—	—	—	—	0,7926 3,69	86,3
IVa	0,0036 2,72	0,4	0,0246 2,96	2,7	0,0407 2,48	4,4	—	—	—	—	—	—	—	—	0,0689 2,64	7,5
IVb	0,0003 0,81	0,0	0,0020 0,99	0,2	0,0262 1,61	2,9	—	—	—	—	—	—	—	—	0,0285 1,53	3,1
Va	0,0004 1,19	0,0	0,0030 3,33	0,3	0,0226 2,10	2,5	—	—	—	—	—	—	—	—	0,0260 2,17	2,8
Vb	—	—	0,0002 0,59	0,0	0,0023 1,38	0,2	—	—	—	—	—	—	—	—	0,0025 1,24	0,2
IVa/Vb	0,0043 2,12	0,5	0,0298 2,58	3,2	0,0918 2,04	10,0	—	—	—	—	—	—	—	—	0,1259 2,14	13,7
I/Vb	0,3428 4,14	37,3	0,3429 3,38	37,3	0,2293 2,61	25,0	—	—	0,0035 1,91	0,4	—	—	—	—	0,9185 3,36	100,0
0,2490 =	**1,38**		**1,38**		**0,92**		—		**0,01**		—		—		**3,69** qm auf 1,0 ha = jährl. 0,74 qm.	

Anmerkung. Die hinter dem Kreisflächenzuwachs stehenden Zahlen bedeuten den Prozentanteil am Gesamtzuwachs der Versuchsfläche, die unter dem Kreisflächenzuwachs stehenden kleineren Zahlen bedeuten das durchschnittlich jährliche Kreisflächenzuwachsprozent.

Der Anteil von I/IIIα am Gesamtkreisflächenzuwachs ist in O um $^1/_5$, von IIα um $^1/_3$ größer als in U. In O wird 37 %, in U nur 30 % des Gesamtzuwachses von den nach Holzmasse und Schaftform wichtigsten Bestandesklassen geleistet.

Obgleich die Kreisfläche von O nach der Durchforstung im Herbst 1897 um 12,6 % kleiner ist als von U, bringt sie doch in 5 Jahren 10,5 % Flächenzuwachs mehr hervor.

Sehr bemerkenswert ist es, daß die vorstehend nachgewiesenen Sätze sich nicht bloß auf den 5jährigen Zuwachs beziehen, sondern fast ausnahmslos auch auf den jährlichen Zuwachs ebenso genau passen, gleichviel ob dieser im betr. Jahr hoch oder niedrig war.

Es fragt sich nun, was ist bis 1902 von den Zielen erreicht worden, welche die Freie Durchforstung sich steckte, bezw. was von den Folgen eingetroffen, die 1898 vorauszusagen versucht wurde? Seite 49 der Mündener Forstlichen Hefte von 1898 heißt es: „Als sicher ist anzunehmen, daß der „Lichtwuchszuwachs" auf O ein bedeutender und infolge sorgfältiger Erhaltung der Bodendecke anhaltender sein wird. Ferner wird der Gesamtzuwachs von O denjenigen von U nicht bloß bald einholen, sondern überholen. Was aber die Hauptsache, jetzt schon sicher und überhaupt der Zweck der Lichtwuchsdurchforstung ist: der an sich größere Zuwachs von O legt sich weitaus überwiegend an Nutzholzstämmen an, die, langschäftig genug, nun auch ein beschleunigtes Dickenwachstum erfahren werden, während der Zuwachs in U sich unterschiedslos auf die verschiedenen Stammformen verteilt."

Der Gesamtzuwachs auf den beiden Buchenversuchsflächen war folgender, wobei derjenige von U je gleich 100 gesetzt wird:

Übersicht 6.

Gesamtzuwachs qm auf 1,0 ha:

	Untere Fläche (U)	Obere Fläche (O)	
1898 . . .	0,921 = 100	0,936	= 102
1899 . . .	0,742 = 100	0,671	= 90
1900 . . .	0,354 = 100	0,649	= 183
1901 . . .	0,718 = 100	0,814	= 113
1902 . . .	0,608 = 100	0,619	= 102
	auf 1,0 ha 3,343 qm,	auf 1,0 ha 3,689 qm	= 110

Es mag auch der Zuwachs von 1903 hier noch folgen:

Untere Fläche (U)	Obere Fläche (O)
0,730 qm = 100	0,749 qm = 103

Hiernach war schon im 1. Jahr nach der Durchforstung der Zuwachs von O trotz der um 12,6 % kleiner gewordenen Kreisfläche größer als von U, und dies blieb so mit Ausnahme des einzigen Jahres 1899. In dieser Hinsicht ist also die Voraussage unbedingt eingetroffen.

Als die ausschlaggebenden „Nutzholzstämme“ des Bestandes sind anzusehen die Schaftformklassen I α, I β, II α und II β; die Klassen III α und wohl auch III β, also „gering mitherrschende“ Nutzholzstämme können aber doch noch mitgerechnet werden. Dies geschah denn auch nachstehend in der Voraussetzung, daß selbst III β bei der Buche z. B. noch geringes Nutzholz abwirft. Hiernach betrug der Zuwachs der Schaftformklassen I/III $\alpha + \beta$:

Übersicht 7.

	Untere Fläche (U)		Obere Fläche (O)	
	im ganzen qcm	= % des Gesamtzuwachses	im ganzen qcm	= % des Gesamtzuwachses
1898	1471	63,2	1613	69,2
1899	1222	65,5	1220	73,0
1900	678	76,4	1183	73,2
1901	1156	64,2	1421	70,0
1902	1011	66,2	1080	70,0
	5538 : 0,2513 = **2,204** qm auf 1,0 ha	66,0	6517 : 0,2490 = **2,617** qm auf 1,0 ha	70,9
Nach der Durchforstung vom Herbst 1902 qcm:				
1903	1229	67,1	1473	79,0

Daraus geht hervor, daß weitaus der größte Teil des Zuwachses von O, der obendrein bedeutend größer ist als in U, tatsächlich den Nutzholzstämmen zugute kommt. Allerdings steht U in diesem Verhältnis lange nicht so weit hinter O zurück, als 1898 vermutet.

Der Freien Durchforstung kommt vielmehr in höherem Grade der an sich viel bedeutendere reine Zuwachs zu statten, als wiederum dessen verstärkte Anlegung an Nutzstämmen.

Die Vermutung, daß in U der Zuwachs „sich unterschiedslos auf die verschiedenen Stammformen verteilt", bestätigt sich somit nicht. Es bleibt im Gegenteil für den 5jährigen Zeitraum gleichfalls bei der Tatsache, daß **die bessere Schaftform** auch in U **den größeren Zuwachs liefert,** obwohl grundsätzlich in U nicht die allergeringste Rücksicht auf die besten Schaftformklassen genommen wurde, während in O deren Freihieb und tunlichste Begünstigung den Brenn- und Kernpunkt der ganzen Durchforstung bildet. Dieser Satz, der mir ungesucht, wenn auch als reife Frucht langer Arbeit unvermutet in den Schoß fiel, bestätigte sich Jahr für Jahr, gilt zweifellos nicht bloß für 5jährige, sondern auch längere Zeiträume, vermutlich für alle Holzarten, übrigens wohlbemerkt nur für den herrschenden Bestand; im Nebenbestand liefert häufig die Schaftform β den stärkeren Zuwachs.

Woher dies kommt, vermag ich nicht zu erklären, das müssen Physiologen von Fach deuten. Möglicherweise stehen der Saftbewegung um so weniger Hindernisse im Wege, je besser die Schaftform ist.

Merkwürdig ist die Tatsache, daß im Jahr 1900, wo U einen auffallend geringen Zuwachs hatte (= 66 % des Durchschnitts und 57 % von O), eben dieser Hungerzuwachs zu 76 % sich an Nutzholzstämmen anlegte, also zu so hohem Anteil, wie in keinem anderen Jahrgang und wie er, außer für 1903, nicht einmal in O auftritt.

Wie verteilt sich der Zuwachs auf die verschiedenen Kraftschen[1]) Stammklassen? Dies zeigt nachstehende kleine Übersicht 8, S. 21.

Hiernach erzeugen die „herrschenden" Stämme (also die Bäume der II. Kraftschen Stammklasse) die Hälfte bis $^2/_3$ des Zuwachses an Stammgrundfläche. War schon der jährliche Gesamtzuwachs starken Schwankungen unterworfen, so ist das nämliche beim Klassenzuwachs der Fall. Um so stetiger erscheint der prozentische Anteil, den die einzelnen Klassen am Gesamtzuwachs nehmen. Dies

---

[1]) Vergl. Anhang I, S. 95.

weist aber von neuem darauf hin, daß die Ermittelung des jährlichen Zuwachses eine durchaus befriedigend lösbare Aufgabe bildet.

Übersicht 8. Der Zuwachs nach Kraftschen Stammklassen.

	Untere Fläche (U)								Obere Fläche (O)							
	I		II		III		IV/V		I		II		III		IV/V	
	qcm	%	qcm	%	qcm	%	qcm	%	qcm	%	qcm	%	qcm	%	qcm	%
1898	349	15	1177	50	475	20	320	14	230	10	1400	60	325	14	378	16
1899	263	14	1146	61	279	15	177	9	236	14	1081	65	185	11	170	10
1900	162	18	611	69	116	13	—	—	199	12	1051	65	179	11	187	12
1901	239	13	1006	56	344	19	214	12	243	12	1211	60	255	12	321	16
1902	201	13	889	58	253	16	186	12	174	11	940	61	219	14	208	13
1898/1902	1214	14	4829	**57**	1467	17	897	11	1082	12	5683	**62**	1163	13	1264	14

Die Freie Durchforstung zeigt gegenüber der Kraftschen hinsichtlich der Zuwachsverteilung auf die Stammklassen keinen erheblichen Unterschied. Auch für die Eschenfläche ist nach S. 11 die Zuwachsverteilung auf die Kraftschen Stammklassen eine sehr ähnliche, nur daß der Anteil der II. Klasse am Gesamtzuwachs noch größer ist, als bei den frei durchforsteten Buchen.

Übersicht 9.

Kraftsche Stammklassen	Eschen-Kreisflächen vom 5. Oktober 1903:					
	Hecksche Schaftformklassen				zusammen	
	α		β			
	qm	%	qm	%	qm	%
I	0,2097	4,4	0,1830	3,8	0,3927	8,3
II	2,4686	52,0	0,6497	13,7	3,1183	65,5
III	0,3668	7,7	0,1788	3,8	0,5456	11,5
I/III	3,0451	64,0	1,0115	21,3	4,0566	85,3
IVa	0,1320	2,8	0,1864	3,9	0,3184	6,7
IVb	0,1649	3,5	0,0964	2,0	0,2613	5,5
Va	0,0410	0,9	0,0514	1,1	0,0924	1,9
Vb	—		0,0275	0,6	0,0275	0,6
IVa/Vb	0,3379	7,1	0,3617	7,6	0,6996	14,7
I/Vb	3,3830	71,1	1,3732	28,9	4,7562	100,0
: 0,2680 =	**12,65**		**5,03**		**17,80** qm	auf 1,0 ha

Da es aus früher angegebenen Gründen unsicher ist, ob ich in der Lage sein werde, die Eschenfläche im Herbst 1904 nach 5jährigem Zeitraum von neuem zu durchforsten und den 5jährigen Kreisflächenzuwachs mitzuteilen, so geschieht dies in der Übersicht 10 für den 4jährigen Zeitabschnitt 1899/1903 unter Anführung der Kreisflächen vom 5. Oktober 1903 in Übersicht 9.

Übersicht 10.

Kraftsche Stammklassen	Vierjähriger Kreisflächenzuwachs vom 6. Oktober 1899 bis 5. Oktober 1903:					
	Hecksche Schaftformklassen				zusammen	
	α		β			
	qcm	%	qcm	%	qcm	%
I	243 3,28	4,8	176 2,66	3,4	419 2,98	8,2
II	2933 3,37	57,2	574 2,42	11,2	3507 3,16	68,5
III	367 2,78	7,1	185 2,88	3,6	552 2,81	10,7
I/III	3543 3,29	69,2	935 2,55	18,2	4478 3,10	87,4
IVa	118 2,46	2,3	203 3,06	3,9	321 2,80	6,2
IVb	122 2,00	2,4	114 3,35	2,2	236 2,48	4,6
Va	30 1,97	0,6	35 1,31	0,7	65 1,89	1,3
Vb	—		25 2,50	0,5	25 2,50	0,5
IVa/Vb	270 2,17	5,3	377 2,90	7,3	647 2,55	12,6
I/Vb	3813 3,18	74,4	1312 2,64	25,6	5125 3,02	100,0
: 0,2680 =	**1,422**		**0,490**		**1,912** qm = jährlich	auf 1,0 ha 0,48 qm

Anmerkung. Die unter den Kreisflächen stehenden Zahlen bedeuten das Kreisflächenzuwachsprozent, die hinter den Kreisflächen stehenden Zahlen bedeuten den Prozentanteil am Gesamtzuwachs.

Ein Vergleich des 4jährigen Zuwachses der Eschenversuchsfläche mit dem 3jährigen S. 11 zeigt sehr große Übereinstimmung der

Verhältniszahlen, auch darin, daß im Nebenbestand, im Gegensatz zum Hauptbestand die geringere Schaftform den höheren Zuwachs besitzt, d. h. wenigstens β einen größeren als α, gerade wie bei den Buchen (γ kommt ja bei den Eschen nicht mehr vor).

Die geschilderten Zuwachsverhältnisse müssen notwendig auch in den Durchmessern der rechnungsmäßigen Kreisflächenmittelstämme zum deutlichen Ausdruck kommen. Der Einfluß der Schaftform auf den Durchmesserzuwachs und die Durchmesserverhältnisse selbst werden durch diese Mittelstämme anschaulicher dargestellt, als durch die Kreisflächen. Andererseits kommt bei den Durchmesserübersichten die Zahl der Stämme der betr. Klassen nur ganz nebensächlich zum Ausdruck. So ist wenigstens dem Laien die große Bedeutung schon eines geringen Unterschieds in den Durchmessern, d. h. in letzter Linie den Jahrringbreiten, wenig durchsichtig. Wir Forstleute wissen allerdings die Bedeutung der letzteren um so besser zu würdigen.

Herr Forstmeister Michaelis bringt dies in seinem prächtigen Mündener Kleinen Einmaleins des Zuwachses, das mit Vorliebe mit der Schneiderschen Formel arbeitet, sehr hübsch zum Ausdruck: „Alle Betrachtungen der Zuwachskunde führen übereinstimmend zu dem Ergebnis, daß die an sich so winzige Breite des Jahrringes am Ende die **entscheidendste** Rolle in der Forstwirtschaft spielt, sowohl in bezug auf die in bestimmter Zeit zu erzeugenden Holzmengen, als auch hinsichtlich des Einheitswertes in seiner Abhängigkeit von der Stärke und damit für den Gesamtwert der Bestände. Diese so unbedeutend erscheinende Größe wird damit zum Angelpunkt für die wichtigsten wirtschaftlichen Fragen."

Es folgen nun die Übersichten 11 und 12 über den klassenweisen Durchmesserzuwachs der Mittelstämme der Schaftformklassen vom Haupt-Bestand für die 2 Rauwiesleflächen (Buchen) und 13 für die Eschenfläche in Fezendöbele. Die Anlegung erfolgte der Aufnahme entsprechend mit Trennung der NS- und OW-Durchmesser. (Es wurde ja an jedem Stamm der O- und der S-Punkt in 1,3 m Höhe mit dem Kompaß bestimmt und dauernd sichtbar gemacht.)

Die Vergleichung dieser Durchmesser läßt sich nicht kurz und einfach zusammenfassen, immerhin annähernd wie folgt:

1. Der Ostwest-Durchmesser ist zu Anfang der Beobachtungszeit in $^5/_6$ der Fälle, am Schluß dieses 5jährigen Zeitraumes in

Übersicht 11.

Staatswald Rauwiesle. **Durchmesserzuwachs** der Kreisflächenmittelstämme nach Kraftschen Stammklassen und Heckschen Schaftformklassen.

Untere Buchenversuchsfläche (0,2513 ha);
Bestandesalter 1897 durchschnittlich 58jährig; 1897 und 1902 **„mäßig"** durchforstet nach Kraft:

	Iα		Iβ		Iγ		IIα		IIβ		IIγ		IIIα		IIIβ		IIIγ		Hauptbestand	Nebenbestand	Gesamtbestand
1897																					
vor der Durchforstung Stammzahl	4		4		5		45		55		24		16		34		32		223	273	496
	26,5		24,9		26,6		17,5		17,8		18,2		14,2		14,0		14,4		17,2	10,8	13,9 cm Durchmesser
nach der Durchforstung Stammzahl	4		4		5		46		54		24		16		34		32		223	99	322
	NS	OW	NS	OW	NS	OW	NS	OW	NS	OW	NS	OW	NS	OW	NS	OW	NS	OW			
	26,1	26,9	24,5	25,3	26,5	26,6	17,4	17,6	17,7	18,0	18,1	18,3	14,2	14,1	14,0	14,1	14,3	14,5	17,2	12,4	15,9 cm Durchmesser
1898	27,0	27,4	24,9	25,7	27,3	27,1	17,8	18,0	18,1	18,3	18,4	18,4	14,5	14,3	14,3	14,3	14,6	14,7	17,5	12,6	16,2
	9	5	4	4	8	5	4	4	4	3	3	1	3	2	3	2	3	2	3	2	3 mm Zuwachs
1899	27,6	27,9	25,3	26,0	27,8	27,5	18,2	18,3	18,5	18,5	18,7	18,9	14,6	14,4	14,5	14,5	14,8	14,8	17,8	12,7	16,4
	6	5	4	3	5	4	4	3	4	2	3	5	1	1	2	2	2	1	3	1	2
1900	27,9	28,3	25,6	26,1	28,0	27,9	18,3	18,5	18,7	18,6	18,9	19,0	14,7	14,5	14,6	14,5	14,8	14,8	17,9	12,7	16,5
	3	4	3	1	2	4	1	2	2	1	2	1	1	1	1	0	0	0	1	0	1
1901	28,2	28,6	26,0	26,5	28,6	28,3	18,6	18,7	18,9	18,9	19,1	19,2	15,0	14,7	14,8	14,7	15,0	15,0	18,2	12,8	16,7
	3	3	4	4	6	4	3	2	2	3	2	2	3	2	2	2	2	2	3	1	2
1902 vor der Durchforstung	28,5	29,1	26,3	26,8	28,8	28,7	18,9	19,0	19,2	19,1	19,3	19,4	15,0	14,9	14,9	14,8	15,2	15,1	18,4	12,9	16,9
	3	5	3	3	2	4	3	3	3	2	2	2	0	2	1	1	2	1	2	1	2
1897/1902	24	22	18	15	23	21	15	14	15	11	12	11	8	8	9	7	9	6	12	5	10 mm Zuwachs
	23		16,5		22		14,5		13		11,5		8		8		7,5				
1902 nach d. Durchforstung 1897er Klasseneinteilung: Stammzahl	4		4		5		46		54		24		16		32		23		212	34	246
	28,5	29,0	26,3	26,8	28,8	28,8	18,9	19,0	19,2	19,1	19,3	19,4	15,0	14,9	15,0	14,9	16,0	15,8	18,6	13,9	18,1 cm Durchmesser
desgl. 1902er Klasseneinteilung: Stammzahl	4		5		1		42		48		19		10		25		19		178	68	246
	28,5	29,0	28,3	28,8	31,0	29,8	19,3	19,3	19,5	19,6	19,9	20,0	15,1	15 2	15,8	15,7	16,6	16,6	19,4	14,0	18,1
1903	28,9	29,5	28,8	29,1	31,5	30,5	19,7	19,6	19,8	20,0	20,1	20,2	15,3	15,4	16,0	16,0	16,8	16,8	19,7	14,2	18,3

Staatswald Rauwiesle. **Durchmesserzuwachs** der Kreisflächenmittelstämme nach Kraftschen Stammklassen und Heckschen Schaftformklassen.

	Obere Buchenversuchsfläche (0,2490 ha); Bestandesalter 1897 durchschnittlich 59jährig; 1897 und 1902 „frei" durchforstet:																				
	Iα		Iβ		Iγ		IIα		IIβ		IIγ		IIIα		IIIβ		IIIγ		Haupt-bestand	Neben-bestand	Gesamtbestand
1897																					
vor der Durchforstung Stammzahl	2		7		6		51		41		19		11		25		21		190	188	378
	25,7		27,0		26,9		18,8		19,6		19,8		14,4		15,4		16,3		19,0	12,4	16,1 cm Durchmesser
nach der Durchforstung Stammzahl	2		6		3		49		38		13		10		18		14		154	97	251
	NS	OW	NS	OW	NS	OW	NS	OW	NS	OW	NS	OW	NS	OW	NS	OW	NS	OW			
	25,1	26,2	27,4	27,1	27,7	28,3	18,7	18,8	19,1	19,3	19,6	20,2	14,3	14,4	15,2	15,7	15,3	15,5	18,8	12,4	16,7 cm Durchmesser
1898	25,1	27,0	28,1	27,4	28,2	28,8	19,2	19,2	19,8	19,7	20,0	20,5	14,8	14,6	15,6	15,9	15,8	15,8	19,3	12,6	17,0 cm Durchmesser
	0	8	7	3	5	5	5	4	7	4	4	3	5	2	4	2	5	3	5	2	3 mm Zuwachs
1899	25,8	27,5	28,7	27,9	28,7	29,2	19,6	19,5	20,2	19,9	20,4	20,8	15,0	14,9	15,8	16,0	15,9	16,0	19,6	12,7	17,3
	7	5	6	5	5	4	4	3	4	2	4	3	2	3	2	1	1	2	3	1	3
1900	26,6	28,0	29,0	28,2	29,0	29,7	20,0	19,9	20,5	20,2	20,7	21,1	15,2	15,0	15,9	16,2	16,1	16,1	19,9	12,8	17,5
	8	5	3	3	3	5	4	4	3	3	3	3	2	1	1	2	2	1	3	1	2
1901	27,5	28,6	29,4	28,5	29,6	30,2	20,4	20,3	20,9	20,6	21,1	21,5	15,6	15,3	16,3	16,5	16,4	16,4	20,3	13,0	17,8
	9	6	4	3	6	5	4	4	4	4	4	4	4	3	4	3	3	3	4	2	3
1902 vor der Durchforstung	27,9	29,1	29,7	28,9	30,0	30,5	20,7	20,6	21,1	20,9	21,3	21,7	15,8	15,5	16,4	16,6	16,5	16,6	20,5	13,1	18,0
	4	5	3	4	4	3	3	3	2	3	2	2	2	2	1	1	1	2	2	1	2
1897/1902	28	29	23	18	23	22	20	18	20	16	17	15	15	11	12	9	12	11	17	7	13 mm Zuwachs
	28,5		20,5		22,5		19		18		16		13		10,5		11,5				
1902 nach d. Durchforstung 1897er Klasseneinteilung:																					
Stammzahl	2		6		3		49		34		13		9		13		9		139	58	197
	27,9	29,1	29,7	28,8	30,0	30,5	20,7	20,6	21,5	21,2	21,3	21,7	15,5	15,1	16,4	16,8	17,7	16,9	20,9	13,0	18,9 cm Durchmesser
esgl. 1902er Klasseneinteilung:																					
Stammzahl	4		6		1		38		42		11		7		14		13		137	60	197
	27,8	28,3	29,6	28,9	32,8	34,2	21,1	21,0	21,9	21,8	21,7	21,9	15,4	15,2	16,7	17,1	17,4	17,5	21,2	12,3	18,9 } cm Durchmesser
1903	28,5	28,9	30,1	29,3	33,6	34,6	21,5	21,4	22,2	22,2	22,0	22,2	15,6	15,5	16,9	17,4	17,6	17,7	21,6	12,4	19,2 } cm Durchmesser
	7	6	5	4	8	4	4	4	3	4	3	3	2	3	2	3	2	2	4	1	3 mm Zuwachs

Übersicht 13.

VII 28c Fezendöbele. Eschenversuchsfläche (0,2680 ha).

	Klassenweiser Durchmesserzuwachs der Mittelstämme der Schaftformklassen im bleibenden Hauptbestand:												Hauptbestand	Nebenbestand	Gesamtbestand
	Iα		Iβ		IIα		IIβ		IIIα		IIIβ				
Stammzahl	4		3		73		18		15		7		19,5	14,4	18,2
	NS	OW	NS	OW	NS	OW	NS	OW	NS	OW	NS	OW			
1899	24,0	24,6	26,4	26,6	19,3	19,6	20,2	20,7	16,7	16,8	17,1	17,0	19,6	14,4	18,4
1900	24,5	24,9	26,8	26,9	19,6	20,0	20,4	21,0	16,8	17,1	17,3	17,3	19,9	14,6	18,7
	5	3	4	3	3	4	2	3	1	3	2	3	3	2	3
	4		3,5		3,5		2,5		2		2,5				
1901	24,7	25,2	27,0	27,2	19,8	20,2	20,6	21,1	17,0	17,2	17,5	17,4	20,1	14,7	18,9
	2	3	2	3	2	2	2	1	2	1	2	1	2	1	2
	2,5		2,5		2		1,5		1,5		1,5				
1902	25,2	25,7	27,3	27,6	20,2	20,6	20,9	21,5	17,3	17,5	17,8	17,8	20,4	14,9	19,2
	5	5	3	4	4	4	3	4	3	3	3	4	3	2	3
	5		3,5		4		3,5		3		3,5				
1903	25,6	26,0	27,7	28,0	20,5	21,0	21,1	21,7	17,5	17,8	18,1	18,0	20,7	15,1	19,5
	4	3	4	4	3	4	2	2	2	3	3	2	3	2	3
	4,5		4		3,5		2		2,5		2,5				
zusammen:	16	14	13	14	12	14	9	10	8	10	10	10	11	7	11
	15		13,5		13		9,5		9		10				

$^3/_5$ der Fälle größer, und zwar bis um 11 mm, als der Nord-süd-Durchmesser. Es bahnt sich also ein Ausgleich dieser Durchmesser-Verschiedenheiten an.

2. In $^6/_7$ der Fälle ist der Durchmesser der β-Stämme stärker als der α-Stämme und der γ-Stämme wieder stärker als der β-Stämme, und zwar bis zu 57 mm. Also: je schlechter die Schaftform, desto größer der Durchmesser. Aber auch hier findet ein allmählicher Ausgleich statt; in dem 5jährigen Beobachtungszeitraum sinkt dieser Unterschied von durchschnittlich 10 auf 5 mm herab.

Diese beiden Sätze bedürfen noch kurzer Besprechung.

Darüber, weshalb auf den beiden Buchenflächen und der Eschenfläche übereinstimmend der OW-Durchmesser größer ist als der nordsüdliche, läßt sich schwer eine begründete Vermutung aufstellen. Die Lage am Hang vermag diese Erscheinung kaum zu erklären. Ist die Krone auf der Talseite etwas stärker und dementsprechend auch der Halbmesser in der nämlichen Richtung, so wird dies ohne

Zweifel auf der Bergseite wieder ausgeglichen. In beiden Fällen bei den leicht geneigten Buchen- und der sanft geneigten Eschenfläche entspricht aber die OW-Richtung nicht dem Gefäll, sondern der ziemlich senkrecht darauf verlaufenden Wagrechten. Herr Forstamtmann Hähnle in Stuttgart weist im Augustheft von 1900 der Allg. Forst- und Jagdzeitung für eine Eschenfläche im Revier Dörzbach (bei Mergentheim) ebenfalls das Vorwiegen des ostwestlichen Durchmessers (um 2 mm) nach, für eine andere Eschenfläche dagegen vom Forst Waldenbuch (im „Schönbuch" bei Tübingen) das Überwiegen des nordsüdlichen Durchmessers um durchschnittlich 5 mm. Diese letztere Fläche hat annähernd dieselben äußeren Verhältnisse (Meereshöhe, Gesteinsart, Bodenart, Alter) wie in Fezendöbele. Die Gründe hierfür können nur durch längere genaue, stammweise Beobachtung ermittelt werden.

Der andere Satz, daß, je schlechter die Stammform, je größer der Durchmesser, steht anscheinend im vollsten Gegensatz zu der früher (S. 20) nachgewiesenen Erfahrung, daß, je besser die Schaftform, desto größer der Zuwachs. Wie ist das zu deuten?

Es entspricht einer allgemein feststehenden Beobachtung, daß Vorwüchse zwar meistens einen gesteigerten Zuwachs besitzen, aber auch infolge der ungehemmten Kronenentwicklung mehr oder weniger stark verastet sind, also ungünstige Schaftform zeigen. Außerdem sind sie mit der Zeit nicht selten niederer, als ihre Umgebung. So kann umgekehrt geschlossen werden, daß herrschende Stämme der Schaftform γ (und ε) gar oft Vorwüchse sind, daher etwas älter und stärker als die umgebenden Stämme, welchen sie Licht und Luft eine Reihe von Jahren schmälern, oder die sie ganz niederkämpfen. Es müssen also Stämme von bevorzugt kräftigem Wuchs sein, wenn solche sich neben den Vorwüchsen nicht bloß erhalten, sondern in den herrschenden oder gar vorherrschenden Bestandesteil hineinwachsen.

Ich zweifle keinen Augenblick daran, daß fast jeder einzelne Baum nicht bloß das gewissermaßen rechnerische, noch weniger nur das „zufällige" Erzeugnis der Bestandteile seiner Umgebung, namentlich seines Standortes ist, sondern gleich sehr gewissermaßen eine Persönlichkeit mit besonderer Eigenart ausgestattet, sei es durch Vererbung, Anpassung, Ausnützung gelegentlichen Vorsprungs und dergl. In den α-Stämmen sind wohl solche von hervorragender Wuchskraft zu erblicken, die durch engen Schluß senkrecht, gerade, astrein und langschäftig erwuchsen, in gedrängtem Stand etwas schwächer an Durchmesser blieben, dafür aber an Scheitelhöhe voraneilten.

Vorwüchse und dergl. selbst von bedeutendem Altersvorsprung pflegen keineswegs immer die höchsten des Bestandes zu sein. Das beweisen treffend die Altbuchen des Schurwalds, die 30—50 Jahre älter sind, als der umgebende 100jährige Füllbestand, aber von dessen besten Stämmen an Scheitelhöhe oft übertroffen werden. Mit dem Voraneilen des Längenwuchses ist aber die beste Gewähr für die Erhaltung eines Stammes gegeben. Daß dieses Zurückbleiben **zu frei stehender** Stämme an Höhenwuchs[1]) aber schon in ganz jugendlichem Alter stattfinden kann, ist von Herrn Forstrat Dr. Böhmerle in der seinen Arbeiten eigenen sehr genauen und überzeugenden Weise nachgewiesen und zwar an einem jetzt (1904) 28jährigen Buchenversuchsbestand mit absichtlich übermäßig starker Durchforstung. Derselbe zeigt in seiner hervorragenden Abhandlung von 1903 über Bestandesdichte und Bestandeshöhe S. 18: „daß die Scheitelhöhe im mäßig durchforsteten Bestande größer ist, als jene des mittels Kronenfreihiebes behandelten, und diese wieder größer, als die im übermäßig stark durchforsteten Bestande". Am Schluß der genannten Abhandlung findet sich nun S. 24 noch ein wichtiges Ergebnis der Böhmerleschen Forschungen in den jungen Buchenversuchsbeständen: „Die in besonderem Maße durch den Kronenfreihieb, bezw. durch die übermäßig starke Durchforstung angeregte Wachstumsenergie der Baumkrone bedarf einer vermehrten Zufuhr von Nahrungsstoffen und wirkt demnach retardierend nicht nur auf die Höhe, sondern auch auf den Durchmesser."

Hierin liegt möglicherweise ein Schlüssel dafür, daß die etwas stärkeren γ-Stämme auf den Buchenversuchsflächen in Rauwiesle als z. T. ehemalige Vorwüchse mit übermäßigem Kronenschirm und Lichtgenuß von den α- und auch β-Stämmen im Zuwachs übertroffen und an Durchmesser in absehbarer Zeit vielleicht eingeholt werden. Freilich sind die Versuchsbestände in Rauwiesle mehr denn doppelt

---

[1]) Vergl. auch: Nördlinger, Kritische Blätter 47, Bd. II, S. 55.

so alt als der fragliche Buchenbestand, der bei Beginn des Versuchs der österr. Anstalt erst 18jährig war. Vorsicht in den Schlußfolgerungen ist daher sehr angezeigt.

Wie bedeutend die Zuwachsunterschiede der verschiedenen Stamm- und Schaftformklassen im einzelnen sind, ergibt sich eben aus Übersicht 11 und 12. In die Augen fallend ist hier namentlich der große Vorsprung der I. Kraftschen Stammklasse vor dem Durchmesserzuwachs aller anderen Klassen, und zwar insbesondere bei der Schaftform α und der Buche. Derselbe beträgt im Jahrfünft 1897/1902 rund 10 mm mehr als in der „herrschenden" Klasse II, die vor den nachfolgenden Klassen erheblich geringeren Vorsprung besitzt. Während der Gesamtzuwachs des Nebenbestandes (außer den paar Weißtannen) nirgends über 7 mm für das Jahrfünft beträgt, ist derselbe für Iα 23—28 mm.

Auch in der Übersicht über den Durchmesserzuwachs zeigt sich wiederum augenfällig, und zwar bei jeder einzelnen Klasse, wie sehr die Freie Durchforstung der Kraftschen schon in der Zuwachssteigerung überlegen ist.

Es ist von entschiedenem Wert, die Gestaltung des Zuwachses nicht bloß nach den Schaftformklassen oder nach etwaigen Durchmesserstufen nachzuweisen, sondern namentlich gerade nach den Kraftschen Stammklassen.

---

3. Abschnitt.

Die Durchforstung auf den Adelberger Buchenversuchsflächen im Herbst 1902.

Die beiden Buchenflächen mußten im Herbst 1902 nach 5jährigem Zeitraum wieder durchforstet werden. Bei der Eschenfläche würde diese Notwendigkeit erst im Herbst 1904 eintreten. Es wird daher in diesem 3. Abschnitt nur von den Buchen die Rede sein.

Es kann kein Zweifel darüber bestehen, wie die 2 Bestände behufs Fortsetzung des Versuches durchforstet wurden: der untere (U) „mäßig" nach Kraft, der obere (O) „frei".

Dabei sind namentlich 2 Punkte zu beachten: In O war 1897 der „Lichtwuchshieb“ im damals durchschnittlich 59jährigen Bestand anzuwenden, also nicht etwa ein allgemeiner Lichtungshieb, sondern eben der, allein der Freien Durchforstung eigene Hieb, nach dem vor allem den α-Stämmen des herrschenden Bestandes, in 2. Linie auch den β-Stämmen Luft gemacht und mäßiger Lichtwuchs geboten wurde, nachdem die Hauptstämme des Bestandes deutlich ausgeprägt erscheinen. Die Folge war ein verhältnismäßig bedeutender Holzanfall (80,8 fm Derbholz vom Gesamtvorrat mit 310,0 fm auf dem ha in O, gegenüber 33,3 von 276 fm in U. In denkbar schärfstem Gegensatz zur Borggreveschen Plenterdurchforstung wurden nicht die stärksten Stämme heraus-, sondern, soweit sie zugleich die besten waren, im Gegenteil freigehauen. Dies geschah aber weder in der m. E. verfrühten und übermäßigen Weise Wageners, noch in den immerhin schablonenhaften und nicht einwandfreien Kulissen Urichs, oder nur mit Beschränkung zunächst auf Fichte und Tanne und auf bloß einen etwas gezwungen auszuwählenden Teil des Bestandes nach Borgmann, sondern „frei“ von Stamm zu Stamm und Gruppe zu Gruppe über den ganzen Bestand hin und mit entsprechender Schonung des Nebenbestandes behufs Schaft- und Bodenpflege.

Der zweite sehr wesentliche Gesichtspunkt wurde schon 1898 auf S. 37 der Mündener Forstlichen Hefte von mir hervorgehoben mit den Worten: „Eine der wichtigsten Regeln bei dieser Lichtwuchsdurchforstung im Buchenbestand, überhaupt bei jeder Holzart, besteht darin, daß nur dann und insoweit in den herrschenden Bestand eingegriffen werden darf, als nach anderweitigen Beobachtungen im betr. Wuchsgebiete für einen zweifellos wertvollen benachbarten Nutzstamm ein handgreiflicher, großer Vorteil im Hinblick auf dessen jetzige und künftige Schaftbildung geschaffen wird“ usw.

Hierin befinde ich mich zu meiner Freude in völliger Übereinstimmung mit einem der hervorragendsten und zugleich einem wissenschaftlich durch und durch geschulten und voranschreitenden Wirtschafter, Herrn Forstmeister Michaelis in Hemeln-Münden. Derselbe sagt nämlich S. 242 von „Aus dem Walde“ von 1899 in seiner „Anleitung zur Auszeichnung der Durchforstungen im Herrschenden“:

„I. Immer dann einen Stamm fällen, wenn er einen oder gar mehrere am Schaft, besonders hinsichtlich der Astreinheit wertvoller geartete Nachbarn an dem zu erhaltenden und weiter auszubildenden Teil ihrer Krone handgreiflich schädigt oder beengt.“

Als ich im Herbst 1902 im Bramwald seine Durchforstungen besichtigte und er im Herbst 1903 die meinigen im Schurwald, waren wir in allen Hauptsachen durchaus einig.

Die S. 30 genannten und weitere, auch von der Freien Durchforstung aufgenommene Regeln, wie solche S. 305 im Jahrgang 1902 der Allgemeinen Forst- und Jagdzeitung dargestellt sind, also namentlich gute Stammverteilung usf. wurden bei der Durchforstung der oberen Fläche im Herbst 1902 selbstredend wieder beobachtet.

Anscheinend viel einfacher war die Durchforstung auf der unteren Versuchsfläche. Es brauchten ja nur behufs Wiedereinhaltung der Kraftschen „mäßigen“ Durchforstung die Stammklassen V und IVb herausgehauen zu werden, bezw. entsprechend der bisher landesüblichen Durchforstung nur ein größerer Teil von IVb.

War das aber nicht erst im Herbst 1897 geschehen? Freilich; und dennoch war der Bestand 1902 wieder durchforstungsbedürftig. Es mußte also von neuem eine gewisse Anzahl von Stämmen in Klasse IVb und V heruntergestiegen sein. Das ist auch ganz naturgemäß und entspricht dem langsamen aber unaufhaltbaren Unterdrückungskampf des dereinstigen Haubarkeitsbestandes gegen alle anderen Stämme. Die Einteilung in die Kraftschen Stammklassen, wie überhaupt in jede Art von Kronenklassen, paßt für einen sehr bedeutenden Teil des Bestandes unverändert nur etwa 2—3 Jahre.

So war denn eine neue Klasseneinteilung im Herbst 1902 vorzunehmen, zunächst nach Kraft; aber auch die Einteilung in die Schaftformklassen wurde einer sehr genauen Durchsicht unterworfen, auf der oberen wie unteren Versuchsfläche. Dabei zeigte sich u. a., daß die Grenze für die α-Stämme etwas enger gezogen werden mußte, jedenfalls für die Buche, als dies 1897 geschehen war.

Die zahlreichen Veränderungen in den Stammklassen nach 5jährigem Zeitraum wurden am einfachsten und anschaulichsten in der Übersicht 14 zusammengestellt. Der Vergleichbarkeit halber

Übersicht 14.

Forst Adelberg. Staatswald VII 10, Rauwiesle. Buchenversuchsflächen.

Die Veränderungen in den Stammklassen 1897/1902.

Untere Versuchsfläche. Kraftsche mäßige Durchforstung.

Klasse	Stammzahl 1897 vor der Durchforst. Stück	fielen % bei der Durchforst. im Herbst			Hiervon sind im Herbst 1902 vor der Durchforstung %:																															
					I					II						III						IVa				IVb				Va				Vb		
		1897	1902	zus.	α	β	γ	δ	ε	α	β	γ	δ	ε	η	α	β	γ	δ	ε	η	α	β	γ	η	α	β	γ	δ	α	β	γ	δ	α	β	γ
Iα	4	—	—	—	**100**	—	—	—	—	—	—	—	—	—	—	—	—	—	—	—	—	—	—	—	—	—	—	—	—	—	—	—	—	—	—	—
Iβ	4	—	—	—	—	**75**	—	—	—	—	25	—	—	—	—	—	—	—	—	—	—	—	—	—	—	—	—	—	—	—	—	—	—	—	—	—
Iγ	5	—	—	—	—	40	**20**	20	20	—	—	—	—	—	—	—	—	—	—	—	—	—	—	—	—	—	—	—	—	—	—	—	—	—	—	—
Iε	1	—	—	—	—	—	—	—	**100**	—	—	—	—	—	—	—	—	—	—	—	—	—	—	—	—	—	—	—	—	—	—	—	—	—	—	—
IIα	46	—	—	—	—	—	—	—	—	**83**	11	—	—	—	—	4	2	—	—	—	—	—	—	—	—	—	—	—	—	—	—	—	—	—	—	—
IIβ	54	—	—	—	—	—	—	—	—	4	**72**	5	—	—	—	4	15	—	—	—	—	—	—	—	—	—	—	—	—	—	—	—	—	—	—	—
IIγ	24	—	—	—	—	—	—	4	—	—	4	**63**	—	—	—	—	—	29	—	—	—	—	—	—	—	—	—	—	—	—	—	—	—	—	—	—
IIη	1	—	—	—	—	—	—	—	—	—	—	—	—	—	**100**	—	—	—	—	—	—	—	—	—	—	—	—	—	—	—	—	—	—	—	—	—
IIIα	16	—	—	—	—	—	—	—	—	13	6	—	—	—	—	**31**	19	—	—	—	—	6	13	—	—	12	—	—	—	—	—	—	—	—	—	—
IIIβ	34	—	—	—	—	—	—	—	—	—	6	—	—	—	—	—	**32**	12	—	—	—	—	38	3	—	—	9	—	—	—	—	—	—	—	—	—
IIIγ	32	—	28	28	—	—	—	—	—	—	—	—	—	—	—	—	6	**28**	—	—	—	—	6	28	—	—	—	32	—	—	—	—	—	—	—	—
IIIδ	1	—	—	—	—	—	—	—	—	—	—	—	—	—	—	—	—	—	—	—	—	—	—	100	—	—	—	—	—	—	—	—	—	—	—	—
IIIη	1	—	—	—	—	—	—	—	—	—	—	—	—	—	—	—	—	—	—	—	—	—	—	—	100	—	—	—	—	—	—	—	—	—	—	—
IVaα	3	—	67	67	—	—	—	—	—	—	—	—	—	—	—	—	—	—	—	—	—	—	33	—	—	67	—	—	—	—	—	—	—	—	—	—
IVaβ	14	—	50	50	—	—	—	—	—	—	—	—	—	—	—	—	—	—	—	—	—	—	**36**	—	—	—	50	—	—	—	14	—	—	—	—	—
IVaγ	36	—	50	50	—	—	—	—	—	—	—	—	—	—	—	—	—	—	—	—	—	—	3	**39**	—	—	—	53	—	—	—	5	—	—	—	—
IVbα	5	60	20	80	—	—	—	—	—	—	—	—	—	—	—	—	—	—	—	—	—	—	—	—	—	**20**	20	—	—	—	—	—	—	—	—	—
IVbβ	15	40	53	93	—	—	—	—	—	—	—	—	—	—	—	—	—	—	—	—	—	—	—	—	—	—	**7**	—	—	—	53	—	—	—	—	—
IVbγ	44	32	65	97	—	—	—	—	—	—	—	—	—	—	—	—	—	—	—	—	—	—	—	—	—	—	—	**23**	—	—	—	43	—	—	—	2
Vaα	—	—	—	—	—	—	—	—	—	—	—	—	—	—	—	—	—	—	—	—	—	—	—	—	—	—	—	—	—	—	—	—	—	—	—	—
Vaβ	9	78	—	78	—	—	—	—	—	—	—	—	—	—	—	—	—	—	—	—	—	—	—	—	—	—	—	—	—	—	**22**	—	—	—	—	—
Vaγ	81	96	—	96	—	—	—	—	—	—	—	—	—	—	—	—	—	—	—	—	—	—	—	—	—	—	—	—	—	—	—	**4**	—	—	—	—
Vaδ	1	100	—	100	—	—	—	—	—	—	—	—	—	—	—	—	—	—	—	—	—	—	—	—	—	—	—	—	—	—	—	—	—	—	—	—
Vbα	—	—	—	—	—	—	—	—	—	—	—	—	—	—	—	—	—	—	—	—	—	—	—	—	—	—	—	—	—	—	—	—	—	—	—	—
Vbβ	5	100	—	100	—	—	—	—	—	—	—	—	—	—	—	—	—	—	—	—	—	—	—	—	—	—	—	—	—	—	—	—	—	—	—	—
Vbγ	60	100	—	100	—	—	—	—	—	—	—	—	—	—	—	—	—	—	—	—	—	—	—	—	—	—	—	—	—	—	—	—	—	—	—	—
	496	35	11 =: 23 % d. vorherig.	46	—	—	—	—	—	—	—	—	—	—	—	—	—	—	—	—	—	—	—	—	—	—	—	—	—	—	—	—	—	—	—	—

Die Veränderungen in den Stammklassen 1897/1902.

Obere Versuchsfläche. Freie Durchforstung.

Klasse	Stammzahl 1897 vor der Durchforst. Stück	fielen % bei der Durchforst. im Herbst 1897	1902	zus.	I α	I β	I γ	I δ	I ε	II α	II β	II γ	II δ	II ε	II η	III α	III β	III γ	III δ	III ε	III η	IVa α	IVa β	IVa γ	IVa η	IVb α	IVb β	IVb γ	IVb δ	Va α	Va β	Va γ	Va δ	Vb α	Vb β	Vb γ
					Hiervon sind im Herbst 1902 vor der Durchforstung %:																															
I α	2	—	—	—	**100**	—	—	—	—	—	—	—	—	—	—	—	—	—	—	—	—	—	—	—	—	—	—	—	—	—	—	—	—	—	—	—
I β	7	14	—	14	14	**72**	—	—	—	—	—	—	—	—	—	—	—	—	—	—	—	—	—	—	—	—	—	—	—	—	—	—	—	—	—	—
I γ	6	50	—	50	—	17	**17**	—	—	—	16	—	—	—	—	—	—	—	—	—	—	—	—	—	—	—	—	—	—	—	—	—	—	—	—	—
II α	51	4	—	4	2	—	—	—	—	**71**	13	—	—	—	—	4	4	—	—	—	—	—	2	—	—	—	—	—	—	—	—	—	—	—	—	—
II β	42	10	2	12	—	—	—	—	—	—	**64**	10	—	—	—	—	10	2	—	—	—	—	2	—	—	—	2	—	—	—	—	—	—	—	—	—
II γ	19	32	—	32	—	—	—	—	—	—	16	**26**	5	—	—	—	5	16	—	—	—	—	—	—	—	—	—	—	—	—	—	—	—	—	—	—
II ε	3	67	—	67	—	—	—	—	—	—	—	33	—	—	—	—	—	—	—	—	—	—	—	—	—	—	—	—	—	—	—	—	—	—	—	—
III α	11	9	9	18	—	—	—	—	—	9	9	—	—	—	—	**37**	18	—	—	—	—	18	—	—	—	—	—	—	—	—	—	—	—	—	—	—
III β	25	32	12	44	—	—	—	—	—	4	4	—	—	—	—	4	**32**	4	—	—	—	—	12	4	—	—	4	—	—	—	—	—	—	—	—	—
III γ	21	33	19	52	—	—	—	—	—	—	5	—	—	—	—	—	—	**33**	—	—	—	—	—	24	—	—	—	5	—	—	—	—	—	—	—	—
III ε	2	100	—	100	—	—	—	—	—	—	—	—	—	—	—	—	—	—	—	—	—	—	—	—	—	—	—	—	—	—	—	—	—	—	—	—
III η	1	100	—	100	—	—	—	—	—	—	—	—	—	—	—	—	—	—	—	—	—	—	—	—	—	—	—	—	—	—	—	—	—	—	—	—
IV a α	4	75	—	75	—	—	—	—	—	—	—	—	—	—	—	—	25	—	—	—	—	—	—	—	—	—	—	—	—	—	—	—	—	—	—	—
IV a β	20	50	25	75	—	—	—	—	—	5	—	—	—	—	—	—	5	5	—	—	—	—	**15**	—	—	—	10	—	—	—	5	—	—	—	5	—
IV a γ	32	41	31	72	—	—	—	—	—	—	3	3	—	—	—	—	—	3	—	—	—	—	—	**16**	—	—	3	25	—	—	—	6	—	—	—	—
IV b α	1	—	—	—	—	—	—	—	—	—	—	—	—	—	—	—	—	—	—	—	—	—	—	—	—	—	—	—	—	—	100	—	—	—	—	—
IV b β	5	40	20	60	—	—	—	—	—	—	—	—	—	—	—	—	—	—	—	—	—	—	20	—	—	—	—	—	—	—	40	—	—	—	—	—
IV b γ	43	47	27	74	—	—	—	—	—	—	—	—	—	—	—	—	—	2	—	—	—	—	—	2	—	—	—	**9**	—	—	—	38	—	—	—	2
IV b δ	1	100	—	100	—	—	—	—	—	—	—	—	—	—	—	—	—	—	—	—	—	—	—	—	—	—	—	—	—	—	—	—	—	—	—	—
V a α	1	—	—	—	—	—	—	—	—	—	—	—	—	—	—	—	—	—	—	—	—	—	—	—	—	—	—	—	—	**100**	—	—	—	—	—	—
V a β	3	—	—	—	—	—	—	—	—	—	—	—	—	—	—	—	—	—	—	—	—	—	—	—	—	—	—	—	—	—	**67**	—	—	—	33	—
V a γ	45	35	13	48	—	—	—	—	—	—	—	—	—	—	—	—	—	—	—	—	—	—	—	—	—	—	—	—	—	—	—	**52**	—	—	2	11
V b α	—	—	—	—	—	—	—	—	—	—	—	—	—	—	—	—	—	—	—	—	—	—	—	—	—	—	—	—	—	—	—	—	—	—	—	—
V b β	4	75	—	75	—	—	—	—	—	—	—	—	—	—	—	—	—	—	—	—	—	—	—	—	—	—	—	—	—	—	—	—	—	—	**25**	—
V b γ	29	83	7	90	—	—	—	—	—	—	—	—	—	—	—	—	—	—	—	—	—	—	—	—	—	—	—	—	—	—	—	—	—	—	—	**17**
	378	34	20 =35 % d. vorherig. Stammz. (v. 1901)	54	—	—	—	—	—	—	—	—	—	—	—	—	—	—	—	—	—	—	—	—	—	—	—	—	—	—	—	—	—	—	—	—

Anmerkung. Die Summe der Prozentzahlen in der Spalte: „fielen % bei der Durchforstung im Herbst 1897" und der Prozentzahlen von den Spalten: „sind im Herbst 1902 usw. I—V α—η" muß zusammen stets = 100 sein. Die fetten Zahlen bedeuten den Prozentanteil der Anzahl von Stämmen, die unverändert in ihren 1897er Klassen blieben.

geschah dies nach Hunderteln der (beigefügten) Stammzahlen vor der Durchforstung im Jahr 1897. Diese Prozentzahlen derjenigen Stämme, welche unverändert in ihrer damaligen Klasse blieben, sind fett gedruckt. Was auf der nämlichen Linie links davon steht, stieg in der Kraftschen Stammklasse oder (innerhalb dieser) in der Schaftformklasse oder beides, wie leicht ersichtlich; was rechts von der fetten Zahl auf der gleichen Linie steht, ist entsprechend gefallen.

Gleichzeitig bietet die Tabelle einen guten Blick auf die Eingriffsweise der beiden so verschiedenen Durchforstungsarten in die Stammklassen.

Das Steigen von Stämmen in eine bessere Klasse kommt zwar in U auch vor, aber nicht häufig; in O dagegen ist dies von Haus aus in Aussicht genommen. Es tritt sogar der Fall ein, daß ein Stamm IVaβ durch das Herausnehmen eines Nachbars aus einer engen Gruppe von IIα-Stämmen, vom Druck dieses Baumes befreit, sich etwas aufrichtet und im Laufe von 5 Jahren selbst ein tadelloser IIα-Stamm wird. Die Reihe der Möglichkeiten ist sehr groß und am besten durch die Übersicht 14 dargestellt.

Es sei noch darauf hingewiesen, daß in U trotz der „mäßigen“ Durchforstung nach Kraft 5 Jahre nach dem letzten Durchhieb nicht nur außer den Klassen Va und Vb auch IVb ganz und von IVa $^1/_2$—$^2/_3$ verschwunden ist, sondern der Hieb sogar über $^1/_4$ von IIIγ (der 1897er Klasseneinteilung) beseitigt, also bereits in den 1897 noch herrschenden Bestand eingreift. Andererseits trat in U außer einem einzigen Stamm IVbγ, der sich im Sommer 1901 ganz umlegte, keiner aus IVb in Vb ein, so daß auch nach 5 Jahren, außer jenem einen, noch keine absterbenden Stämme in U waren.

Die 5 ersten Spalten der Übersicht 14 zeigen besonders deutlich die völlige Gegensätzlichkeit der beiden Durchforstungsarten und die stufenweise Begünstigung der besten Schaftformen des Hauptbestandes in O; vergl. insbesondere die ausschlaggebende Klasse IIα—η. In Kraftschen Stammklassen zusammengefaßt waren die Stammzahlen nach der Einteilung von 1897:

Übersicht 15. Stammzahlübersicht.

Kraftsche Stammklassen	Untere Fläche 0,2513 ha nach der Durchforstung				Obere Fläche 0,2490 ha nach der Durchforstung			
	im Herbst		gehauen 1902		im Herbst		gehauen 1902	
	1902	1897	Stück	= % von 1897	1902	1897	Stück	= % von 1897
I	14	14	—	—	11	11	—	—
II	125	125	—	—	97	101	4	4
III	73	84	11	13	31	42	11	26
I/III	212	223	11	**5**	139	154	15	**10**
IVa	26	53	27	51	15	31	16	52
IVb	3	41	38	93	14	27	13	48
Va	5[1]	5	—	—	26	33	7	21
Vb	—	—	—	—	3	6	3	50
IVa/Vb	34	99	65	**66**	58	97	39	**40**
I/Vb	246	322	76	**24**	197	251	54	**22**
auf 1,0 ha:	**978**	**1280**	**302**		**792**	**1008**	**216**	

Die um 24 — 22 = nur 2 % sich unterscheidende Verhältniszahl der im ganzen gehauenen Stämme, die sich jedoch auf Haupt- und Nebenbestand sehr verschieden verteilen, ist ebenso zufällig und durchaus unabsichtlich, als im Jahr 1897. Damals betrugen diese Ziffern 35 % für U und 34 % der Stammzahl für O.

Die Kreisflächen wurden durch die Durchforstung im Jahr 1902 in folgender Weise beeinflußt:

Übersicht 16.

1902	Untere Fläche			Obere Fläche		
	qm	= %	qm auf 1,0 ha	qm	= %	qm auf 1,0 ha
bleibend . . .	6,3096	87,3	25,2	5,5570	86,9	22,3
gehauen . . .	0,9155	12,7	3,6	0,8355	13,1	3,4
zusammen:	7,2251	100,0	28,8	6,3925	100,0	25,7

Auch die Verhältniszahl für den Aushieb an Kreisfläche ist gerade so unabsichtlich auf beiden Flächen fast genau dieselbe:

[1]) Tannen.

12,7 und 13,1, wie hinsichtlich der Stammzahl, gegenüber 16,9 in U und 28,4 % (Lichtwuchshieb!) in O vom Jahr 1897.

Die Masse des Durchforstungsanfalls wurde 1902 auf beiden Flächen nicht nach Probestämmen oder gar nur nach der Holzaufbereitung ermittelt; es sind vielmehr sämtliche 76 + 54 = 130 gefällten Stämme in 2 m langen Abschnitten auf mm genau vermessen worden, das Reisig gewogen und hiernach in fm umgerechnet. Dies lieferte zugleich infolge der großen Anzahl gehauener Stämme Stoff zu genaueren Untersuchungen, als er durch die üblichen Probestämme zur Ermittelung der Holzmassen der Versuchsflächen geboten wird, namentlich in bezug auf Scheitelhöhen und Formzahlen. Doch darüber später!

Der Durchforstungsanfall im Herbst 1902 war nun (von $^1/_4$ ha mit je 4 Dezimalen umgerechnet) auf 1,0 ha:

Untere Fläche:			Obere Fläche:		
Inhalt des					
Derbholzes fm	Schaftholzes fm	Baumes fm	Derbholzes fm	Schaftholzes fm	Baumes fm
29,7	33,0	38,0	**33,2**	33,2	39,6

Fast wider Erwarten war der Derbholzanfall auf O trotz des Lichtwuchshiebes von 1897 auf dieser Fläche 1902 dennoch größer, und zwar um 11,7 %, als auf U.

Die Gelderlöse (durchweg ohne Abzug des Hauerlohnes) waren folgende:

Übersicht 17.

Untere Fläche.	Obere Fläche.	
Stammholz:		
Kein Anfall von Stammholz.	4 Eichen mit 6—11 m Länge, 12—14 cm Mittenstärke, 0,07—0,17 fm, zusammen 0,39 fm Inhalt. Erlös.	4,00 Mk.
	1 Esche, Ausschuß 5 m lang, 15 cm stark, mit 0,09 fm Inhalt. Erlös	1,10 „
	0,46 fm =	5,10 Mk.

Noch Übersicht 17.

Untere Fläche.	Obere Fläche.
	Übertrag: 5,10 Mk.
Beugholz (= Schichtderbholz):	
10 rm Buchenklozholz, wovon 3 rm ganz schwaches. Erlös . . . . 66,00 Mk.	1 rm buchene Prügel . . 8,60 Mk.
	8 „ Buchenklozholz, wovon 2 rm ganz schwaches . . 58,20 „
	1 rm Anbruch . . . . . 5,00 „
66,00 Mk.	71,80 Mk.
Reisig:	
40 Wellen buchenes Reis, ungebunden auf Haufen (Anschlag 4,80 Mk.). Erlös . 11,60 Mk.	30 Wellen buchenes Reis, ungebunden auf Haufen (Anschlag 3,60 Mk.). Erlös . 4,60 Mk.
77,60 Mk.	81,50 Mk.
auf 1,0 ha: **309,00** „	auf 1,0 ha: **327,00** „
= 100	= 106

Bei der Durchforstung im Jahr 1897 waren die entsprechenden Erlöse (für 10,4 rm Beugholzanfall in U und 29,9 rm in O) auf 1,0 ha:

U	O
228,00 Mk.	**725,00 Mk.**
Zusammen 1897 und 1902: **537,00 Mk.**	Zusammen 1897 und 1902: **1052,00 Mk.**
= 100	= 196

Sodann waren 1902 im Mittel sämtlicher Stämme des Durchforstungsanfalles die Formzahlen des

U			O		
Derbholzes	Schaftholzes	Baumes	Derbholzes	Schaftholzes	Baumes
0,406	0,451	0,520	**0,435**	0,449	0,517

Weiterem vorgängig soll nun S. 38 auch der ziemlich bedeutende Einfluß der berichtigten Klasseneinteilung von 1902 auf die Kreisflächensummen nachgewiesen werden. Dies geschieht behufs Raumersparnis durch auszugsweise Gegenüberstellung der Hauptzahlen für die Einteilung von 1897 und 1902 beide gleichmäßig sofort nach der Durchforstung vom Oktober/November 1902.

Der Vergleich zeigt mancherlei mehr oder weniger erhebliche Unterschiede auch hinsichtlich der Beteiligung an den Gesamtflächen. Am stärksten fällt der Vorsprung auf, den die Schaftform β in beiden Versuchsflächen auf Kosten von α und γ hat. Die α-Stämme sind und bleiben aber an der Arbeit, um β an Kreisfläche in nicht

Übersicht 18.

Kreisflächen sofort nach der Durchforstung im Herbst 1902. (Zu S. 37.)

Kraftsche Stammklassen	Untere Fläche:								Obere Fläche:							
	Hecksche Schaftformklassen															
	α		β		γ		$\alpha-\eta$		α		β		γ		$\alpha-\eta$	
	qm	%	qm	%	qm	%	qm	%	qm	%	qm	%	qm	%	qm	%
Auf Grund der Einteilung von 1897:																
II	1,2970	21	1,5605	25	0,7097	11	3,5963	57	1,6368	29	1,2172	22	0,4726	8	3,3669	60
I/III	1,8385	**29**	2,3445	37	1,4910	24	5,7936	92	1,9295	**35**	1,9054	34	0,9091	16	4,7843	86
IVa/Vb	0,0245	—	0,1363	2	0,3548	6	0,5156	8	0,0329	1	0,1559	3	0,5834	10	0,7722	14
I/V	1,8630	29	2,4808	39	1,8458	29	6,3092	100	1,9624	35	2,0613	37	1,4925	27	5,5565	100
auf 1,0 ha:	**7,4**		**9,9**		**7,3**		**25,1** qm		**7,9**		**8,3**		**6,0**		**22,3** qm	
Auf Grund der Einteilung von 1902:																
II	1,2285	19	1,4439	23	0,5920	9	3,2935	52	1,3190	24	1,5715	28	0,4110	7	3,3504	60
I/III	1,6683	**26**	2,2538	36	1,0771	17	5,2635	84	1,6954	**31**	2,2900	41	0,8098	15	4,8441	87
IV/Vb	0,0335	0,5	0,4624	7	0,5351	8	1,0456	16	0,0290	0,5	0,1614	3	0,5220	9	0,7124	13
I/V	1,7018	27	2,7162	43	1,6122	26	6,3091	100	1,7244	31	2,4514	44	1,3318	24	5,5565	100
auf 1,0 ha:	**6,8**		**10,8**		**6,4**		**25,1** qm		**6,9**		**9,9**		**5,4**		**22,3** qm	

ferner Zeit einzuholen und zu überflügeln. Sie haben ja in O andauernd 4 und mehr % Zuwachs, was keine andere Schaftform leistet.

Die Messungen an den 1902 gefällten zahlreichen Stämmen boten willkommenen Anlaß zur Untersuchung der Scheitelhöhen, Massen und Formzahlen, die zugleich nach den Kraftschen Stammklassen zusammengefaßt wurden, so wie sie denselben im Herbst 1902 vor der Durchforstung und gemäß der Einteilung von 1902 angehört hatten.

Übersicht 19.

Scheitelhöhen, Massen und Derbformzahlen des 1902 ausgeschiedenen Bestandes.

Kraftsche Stammklassen	Untere Fläche: Scheitelhöhen: Stammzahl auf 0,2513 ha	Scheitelhöhen: Mittelhöhe	Durchforstungsanfall (auf 1,0 ha): fm Derbholz	Durchforstungsanfall: = %	Derbholz-Formzahlen: Anzahlmittel	Derbholz-Formzahlen: Massenmittel
II	—	—	—	—	—	—
III	—	—	—	—	—	—
IVa	—	—	—	—	—	—
IVb	46	20,4	20,6	69	0,407	0,415
Va	29	18,9	8,7	30	0,379	0,384
Vb	1	18,1	0,4	1	0,505	0,505
	76	19,8	29,7	100	0,398	**0,406**

Kraftsche Stammklassen	Obere Fläche: Scheitelhöhen: Stammzahl auf 0,2490 ha	Scheitelhöhen: Mittelhöhe	Durchforstungsanfall (auf 1,0 ha): fm Derbholz	Durchforstungsanfall: = %	Derbholz-Formzahlen: Anzahlmittel	Derbholz-Formzahlen: Massenmittel
II	1	24,6	2,7	8	0,434	0,434
III	7	23,6	6,7	20	0,456	0,455
IVa	9	23,3	6,9	21	0,455	0,455
IVb	12	22,1	8,1	25	0,465	0,462
Va	15	20,9	6,3	19	0,385	0,388
Vb	10	18,4	2,5	7	0,372	0,394
	54	21,4	33,2	100	0,414	**0,435**

In die Scheitelhöhen und Massen des ausgeforsteten Bestandesteils gibt diese Zusammenstellung einen guten Einblick. Sie zeigt das Fallen der Scheitelhöhen mit den schwächeren Kraftschen Stammklassen besonders deutlich, ebenso den Eingriff der Freien Durchforstung in fast alle Klassen im Gegensatz zu der einseitigen „mäßigen" Durchforstung nur im Nebenbestand. Trotz der ziemlich großen Zahl gefällter Stämme ist es dagegen schwer, eine Gesetzmäßigkeit in den Formzahlen mit Beziehung auf die Kraftschen Stammklassen zu entdecken, auch wenn man z. B. für O die Klasse II und für U Vb wegläßt, in denen nur je 1 Stamm anfiel.

Es ist wahrscheinlich, daß die Derbholzformzahlen abnehmen, je niederer die Stammklasse ist, daß also z. B. ein Stamm der II. Kraftschen Klasse vollholziger ist und daher höhere Derbformzahl besitzt, als ein Peitscher der Klasse IVa. Um hierüber Klarheit zu bekommen, müßten größere Mengen von Stämmen gefällt werden und namentlich in Schlägen, nicht bloß in Durchforstungen, jedenfalls zu erheblichem Teil aus dem Hauptbestand. Dies wäre nicht einmal nötig, wenn nur von den Tausenden von Probestämmen, die auf zahllosen Versuchsflächen schon gefällt wurden, gleichzeitig die Klasse bekannt wäre, der sie unmittelbar vor der Fällung angehörten. Aber da fehlt es gerade vollständig und eine brauchbare Ergänzung ist nachträglich nicht mehr möglich.

Es ist ferner zu vermuten, daß nicht bloß die Kraftschen Stammklassen, sondern innerhalb derselben auch die Schaftformklassen einen Einfluß auf die Formzahl haben. Es kann ja gar nicht anders sein, als daß IIα-Stämme andere Formzahlen besitzen, als IIγ oder gar IIε.

Eine Vergleichung der Derbformzahlen des ausgeschiedenen Bestandes wurde auch noch nach denselben Stufen von Scheitelhöhe und Brustdurchmesser ausgeführt, welche die Horn-Grundnersche Bearbeitung[1]) von über 10000 Buchenderbformzahlen anwendet, die von den deutschen forstlichen Versuchsanstalten geliefert wurden. Die Nebeneinanderstellung ergibt ein erhebliches Zurückbleiben dieser Formzahlen sowohl hinter den württembergischen, als den allgemeinen deutschen Derbformzahlen der ent-

[1]) Formzahlen und Massentafeln für die Buche. Berlin 1898.

sprechenden Stufen. Diejenigen der oberen Rauwiesle-Versuchsfläche stehen denselben aber immer noch fast durchweg bedeutend näher als die von der unteren. Die Erklärung hierfür ist wohl darin zu suchen, daß jene 10000 Formzahlen ohne Zweifel zum weitaus größeren Teil herrschenden, daher vollholzigeren Stämmen entnommen sind, in U dagegen ausschließlich und in O zum größeren Teil dem Nebenbestand. Die betr. Zahlen sind folgende:

Übersicht 20.

Derbformzahlen des ausgeschiedenen Bestandes nach Scheitelhöhen und Brustdurchmessern.

Scheitelhöhe	Untere Fläche:				Obere Fläche:			
	unter 8 cm	8—10 cm	11—15 cm	16—20 cm	unter 8 cm	8—10 cm	11—15 cm	16—20 cm
12—14	—	—	—	—	0,270 1	—	—	—
15—17	—	0,319 4 [1]	0,411 1	—	—	0,297 2	—	—
18—20	—	0,361 8	0,392 38	—	—	0,365 7	0,429 6	—
21—23	—	—	0,422 21	0,427 4	—	—	0,436 22	0,434 5
24—26	—	—	—	—	—	—	0,479 4	0,451 7

Die genaue Messung so zahlreicher Scheitelhöhen gefällter Stämme bot Gelegenheit zu einer nicht zu versäumenden Darstellung derselben und zur Vergleichung mit den Höhenermittlungen an den 1897 gefällten Probestämmen, sowie mit Messungen im Dezember 1903 am Stehenden mit dem Christenschen Höhenmesser.

Für jede der beiden Buchenversuchsflächen wurde eine besondere Höhentafel gefertigt. Die Abszissen werden durch die Brustdurchmesser in cm gebildet, die Ordinaten durch die zugehörigen dreierlei Arten von Höhen. Die 3 daraus abgeleiteten Höhenkurven zeigen in Tafel II für beide Flächen ziemlich übereinstimmend das an sich auffallende Ergebnis, daß die im Herbst 1902 gefällten Stämme,

[1]) Die untergesetzten Zahlen bedeuten die betreffende tatsächliche Anzahl der Stämme.

welche namentlich in U nur dem Nebenbestand angehören, durchweg etwas höher sind, als die Probestämme von 1897 und die auf den beiden Versuchsflächen 1903 stehend gemessenen Bäume der nämlichen Durchmesser. Von letzteren gehörten in $\begin{matrix} U & 16 \\ O & 16 \end{matrix}$ den Kraftschen Klassen I—III an und $\begin{matrix} 18 \\ 14 \end{matrix}$ den Klassen IVa—Vb.

Eine Erklärung für dieses Verhalten ist nicht zur Hand. Eine Messung von Scheitelhöhen am Stehenden in größerem Umfang bringt vielleicht einigen Aufschluß. Die Möglichkeit ist aber nicht abzuweisen, daß die Stämme des Nebenbestandes (außer Klasse Vb) besonders in U ihre Scheitelhöhen auf Kosten des Stärkezuwachses voranbringen, teils indem sie beim Kampf ums Dasein sich noch wehren, teils weil die Scheitelhöhe das einzige ist, was diese Stämme noch nachdrücklich zu erweitern vermögen, während die Kronen ab-, statt zunehmen. Diese Stämme würden demnach „getrieben".

Anläßlich der Durchforstung vom Herbst 1902 ist noch ein wichtiger Punkt zu besprechen: die Aufastung in Buchenbeständen.

Wie schon 1898 mitgeteilt, unterblieb in U die Aufastung gänzlich, in O wurden „α- und β-Stämme nach Bedarf aufgeastet". Dies geschah in der Annahme, daß es „durch Aufasten möglich ist, einen Stamm in die nächsthöhere Schaftklasse zu bringen, namentlich wenn die entstehende Ästungswunde sorgfältig mit Holzteer verstrichen wird".

Die Aufastung geschah mit besonderer Sorgfalt im November 1897 an 26 Stämmen.

Auch bei schwachen Ästen wurde ein etwa 10—20 cm langer Stummel zunächst belassen und dieser, zur Vermeidung jeglicher Quetschung auf der Unterseite, bei gleichzeitiger Unterstützung in einem einzigen glatten, möglichst steilen Schnitt von der Leiter aus abgesägt. Die Flügelsäge, die ohnedies nur in sehr beschränktem Umfang angewendet werden kann, war hier ganz verwerflich. Sofort nach der Ästung hat man die Wunden mit Holzteer sorgfältig angestrichen.

Die Nummern der aufgeasteten Buchen wurden behufs Beobachtung vorgemerkt. Der Teeranstrich ward in den folgenden Jahren mehrmals aufgefrischt.

Bei $^{2}/_{3}$ der Aufastungen zeigte sich bis 1902 nichts Bemerkenswertes; bei $^{1}/_{3}$ derselben fiel aber schon 1899 auf und wurde aufgezeichnet, daß insbesondere an der *oberen* Seite der Wunden abgesägter Steiläste die Fruchtträger von Hydnum diversidens erschienen, die nämlichen, welche man an Buchenstöcken so sehr häufig sieht. Diese Fruchtträger ließen nichts Gutes ahnen. Bei der Durchforstung im Herbst 1902 machte man bei allen 5 gefällten Buchen, die 1897 aufgeastet worden waren, Längs- und Querschnitte durch die angeteerten Ästungsstellen, gleichviel ob diese den Schwamm äußerlich erkennen ließen oder nicht.

Das Ergebnis war ein überraschendes. Obgleich Ästung und Anteerung zur *günstigsten Jahreszeit* und mit *ausgesuchter Sorgfalt* vollzogen wurden, war an sämtlichen nennenswerten Wunden das Holz erstickt und z. T. weißfaul, auch bei denjenigen Buchen, an welchen der Zustand äußerlich tadellos geschienen hatte und insbesondere keine Fruchtträger (Schwamm) sichtbar waren. Ausnahmslos zeigte sich, daß der *Teer nirgends* auch nur 1 mm tief *eingedrungen* wäre. Trotz schulgerechtester Ausführung der Aufastung mußten alle Trumme mit Ästungsstellen als krank und faul dem *Anbruchholz* überwiesen werden.

Nach diesem Befund und zahlreichen weiteren Beobachtungen außerhalb der Versuchsflächen rechne ich die Aufastung der Buche, welche ich früher in bester Absicht betrieb, nun in den Abschnitt von den „*forstlichen Dummheiten*". Wie man sich täglich überzeugen kann, bei stehenden Bäumen und auf Querschnitten, heilt die Buche wenig umfangreiche Verletzungen an *astfreien* Stellen ziemlich leicht und ohne Schaden aus. Eine irgend nennenswerte Aufastung verträgt sie aber nicht. Es ist leichter, aus einem Taugenichts einen tüchtigen Menschen zu machen, als aus einer astigen oder Zwieselbuche durch Grünästung einen α-Stamm. Also: *Handsäge weg von der Buche!*

Nach meinen Beobachtungen braucht die *Überwallung* einer Ästungswunde an einem Baum beliebiger Gattung *mindestens* so viele Jahre, als dieselbe cm Durchmesser besitzt. Hält sich das Holz der (angeteerten) Wunde so lange gesund, so kann die Ästung gewagt werden z. B. bei Eiche und Esche, auch Tanne, namentlich aber Kiefer (wenigstens in Süddeutschland, wo Trametes pini unbekannt ist). Robert Hartig sagt in der 3. Auflage seiner Pflanzenkrankheiten S. 298: „Bei Laubhölzern, insbesondere der Eiche, auf welche ich meine Untersuchungen bisher beschränkt habe, dürften Astwunden über 10—12 cm Durchmesser nicht zulässig sein.“

Bei der Rotbuche sollte die Grünästung auf dringende Ausnahmefälle und auf Äste von höchstens 5 cm Durchmesser an deren Ursprung beschränkt werden. Selbst die Trockenästung ist bei ihr nicht unbedenklich wegen der Anregung zur Bildung des roten Kerns, welcher ja nur ein Durchgangszustand zur Fäulnis ist. Hier dürfte 7 cm die Obergrenze bilden.

Die beste Schaftreinigung der Buche (überhaupt sämtlicher Holzarten) besteht in der Erziehung schöner Stämme durch guten Schluß. Was hierin versäumt wurde, läßt sich nicht mehr hereinbringen. Dann ist die Axt meistens richtiger, als die Ästungssäge.

Wenn S. 378 des Jahrgangs 1898 der Allg. Forst- und Jagdzeitung von einer Seite, die es besser hätte wissen können, gesagt wurde: „Bei der Buche ist ohnehin ein Krankwerden des bloßgelegten Holzes, bezw. ein Fortschreiten je etwa eintretender Fäulnis ins Innere des Stammes auch bei Wegnahme von stärkeren Ästen so gut wie ausgeschlossen“, so heißt dies die Tatsachen einfach auf den Kopf stellen. Wo ausnahmsweise Beseitigung stärkerer Äste nicht zu umgehen ist, empfiehlt es sich, je einen Stummel von $1/2$ bis 1 m Länge zu belassen, an dem womöglich noch kleine grüne Reiser sich befinden. Diese mögen das Absterben desselben hindern, führen ihm aber, wie nur erwünscht, auch keinen merklichen Zuwachs mehr zu.

---

4. Abschnitt.

Der Grundflächenzuwachs für 1903 auf den Adelberger Versuchsflächen; der Massenvorrat und Massenzuwachs.

Die Eschenfläche hatte 1903 folgenden Zuwachs an Kreisfläche: (Siehe Übersicht 21, Seite 45.)

Dieser Zuwachs entspricht ungefähr dem 4jährigen Durchschnitt aus dem S. 22 mitgeteilten Gesamt-Zuwachs und demjenigen im 1. Jahr nach der Durchforstung, ist aber wesentlich geringer als der von 1902 und bedeutend höher als derjenige von 1901. Über diese starken Jahresschwankungen später mehr!

Übersicht 21.

Eschen-Grundflächenzuwachs für 1903.

Kraftsche Stammklassen	α qm	α %	β qm	β %	zusammen qm	zusammen %
I	0,0060	4	0,0052	4	0,0112	8
	2,9		2,9		2,9	
II	0,0740	56	0,0158	12	0,0898	68
	3,1		2,5		3,0	
III	0,0107	8	0,0043	3	0,0150	11
	3,0		2,5		2,8	
I/III	0,0907	69	0,0253	19	0,1160	88
	3,1		2,6		2,9	
IVa/Vb	0,0074	5	0,0089	7	0,0163	12
	2,2		2,5		2,4	
I/Vb	0,0981	74	0,0342	26	0,1323	100
	3,0		2,5		2,9	
auf 1,0 ha:	**0,366**		**0,128**		**0,494**	

Die Buchenversuchsbestände hatten in gedrängter Zusammenstellung am 5. Oktober 1903 folgende Kreisflächen:

Übersicht 22.

Kraftsche Stammklassen	Untere Fläche: Hecksche Schaftformklassen α qm	β qm	γ qm	α—η qm	Obere Fläche: Hecksche Schaftformklassen α qm	β qm	γ qm	α—η qm
II	1,2694	1,4897	0,6069	3,3953	1,3727	1,6284	0,4226	3,4734
I/III	1,7229	2,3221	1,1052	5,4208	1,7647	2,3680	0,8320	5,0144
IV/Vb	0,0340	0,4758	0,5466	1,0715	0,0300	0,1649	0,5337	0,7286
I/Vb	1,7569	2,7979	1,6518	6,4923	1,7947	2,5329	1,3657	5,7430
auf 1,0 ha	**7,00**	**11,06**	**6,59**	**25,80**	**7,20**	**10,18**	**5,48**	**23,06**

Der Kreisflächenzuwachs vom 20. Oktober 1902 bis 5. Oktober 1903 war nachstehender: (Siehe Übersicht 23, Seite 46.)

Der Zuwachs für 1903 bestätigt von neuem auch nach der wiederholten Durchforstung, daß: je besser die Schaftform, desto größer der Zuwachs, und daß die Freie Durchforstung mit geringerer Grundfläche höheren Zuwachs erzeugt, als die „mäßige". Trotz der Verminderung der Brusthöhenkreisflächensumme um $^1/_8$ durch die Durchforstung von 1902 steht der beträchtliche Zuwachs von 1903 über dem Mittel der vorausgegangenen 5 Jahre und wird nur von zweien derselben übertroffen.

Übersicht 23. Buchen-Grundflächenzuwachs für 1903.

Kraftsche Stammklassen	Untere Fläche:								Obere Fläche:							
	Hecksche Schaftformklassen															
	α		β		γ		α—η		α		β		γ		α—η	
	qcm	%	qcm	%	qcm	%	qcm	%	qcm	%	qcm	%	qcm	%	qcm	%
I	82	4,0	89	5,0	29	2,0	261	14	114	6,0	116	6,0	23	1,0	253	1
	3,1		2,8		4,0		2,9		4,6		2,9		2,6		3,4	
II	409	22,3	458	25,0	149	8,0	1018	55	537	28,8	569	30,0	116	6,0	1230	6
	3,3		3,2		2,5		3,1		4,1		3,6		2,8		3,7	
III	55	3,0	136	7,0	103	6,0	294	16	42	2,0	95	5,0	83	4,0	220	1
	3,1		2,8		2,5		2,7		3,3		3,0		2,7		2,9	
I/III	546	**29,8**	683	37,3	281	15,3	1573	86	693	**37,2**	780	41,8	222	11,9	1703	9
	3,3		3,0		2,6		3,0		**4,1**		3,4		2,7		3,5	
IV/Vb	5	0,3	134	7,0	115	6,0	259	14	10	0,5	35	2,0	117	6,0	162	
	1,5		2,9		2,1		2,5		3,4		2,2		2,2		2,3	
I/Vb	551	30,1	817	44,6	396	21,6	1832	100	703	37,7	815	43,7	339	18,2	1865	10
	3,24		3,01		2,46		2,90		4,08		3,33		2,54		3,36	
auf 1,0 ha:	**0,219**		**0,325**		**0,158**		**0,730**		**0,282**		**0,328**		**0,136**		**0,749**	

Die Iα-Stämme der Freien Durchforstung arbeiteten bei einem mittleren Durchmesser von 29 cm mit 4,6 % Zuwachs an Kreisfläche. Es sei hier angeführt, was die früher besprochenen Altbuchen des Schurwaldes nach meinen noch nicht veröffentlichten Zuwachsuntersuchungen leisteten. Zehn dieser Buchen hatten vor 90 Jahren bei einem Brustdurchmesser von 24—31, im Mittel 27 cm: 3,4—12,8 %, durchschnittlich **7,8 %** Kreisflächenzuwachs, bei der Freistellung im 30.—50. Jahr sogar 17—18 %.

Zum Vergleich diene folgendes: Theodor Nördlinger[1]) fand bei 5 freigestellten Buchen 2,7—7,8 % Kreisflächenzuwachs (in Brusthöhe). Bei Buchen-Schlagstellungen hier in Adelberg fand ich an 100jährigen Stämmen oft Verdrei- bis Vervierfachung der Jahrringbreite vom Augenblick der Freistellung an, ohne Übergang.

[1]) „Zuwachs und Zuwachsprozent" 1884, S. 13, 14.

Es seien hier ferner die Zuwachsverhältnisse einer Weißtanne mitgeteilt, die im Winter 1903/4 im Staatswald V 4 Saurain, Reviers Adelberg gefällt wurde, den ich wegen der Nähe des Luftkurortes Adelberg parkähnlich bewirtschafte mit Überhalt von ein paar 250 jährigen Weißtannen usf. Die fragliche nur 20,5 m hohe, aber 125 Jahre alte Tanne zeigte auf dem Stock so auffallende Breite der letzten 9 Jahrringe, daß eine Untersuchung dieses selten starken Lichtungszuwachses wünschenswert erschien. Die Maße waren folgende: Stockhöhe 15, Stockdurchmesser 54 cm. „Engringiger Kern" von 17 mm, die nach Lorey einem wirtschaftlichen Alter von 13 Jahren entsprächen; tatsächlich sind es aber 48 Jahrringe. Hierzu kommen weitere 72 Ringe auf dem Stock und 5 für dessen Höhe, im ganzen 125 Jahre. Die letzten 9 Ringe auf dem Stock hatten beiderseits je 13, zusammen 26 cm Breite. Sein Durchmesser war vor 20 Jahren 17, vor 30 Jahren, also beim 95 jährigen Baum 11 cm.

Zur Höhen- und Massenuntersuchung schnitt man 5 Scheiben heraus in 1,18; 5,78; 10,30; 14,81; 17,80 m. Bei 1,18 m Höhe hatte eine Schichte schmaler Ringe einschl. des eigentlichen „engen Kerns" noch $5^1/_2$ cm Durchmesser mit 30 Ringen von 82 dieser Scheibe. Bei 5,78 m war von schmalen Jahrringen gar nichts mehr zu sehen. Die Höhenentwicklung dieser Vorwuchstanne mit ihrer verkümmerten Jugend war folgende:

Alter . .	10	20	30	40	50	60	70	80	90	100	110	120	125
Scheitelhöhe	0,3	0,5	0,8	1,2	1,5	2,3	3,0	4,5	6,7	10,2	13,7	18,2	20,5

Der Schaftinhalt der Tanne war nach ganz genauer Aufnahme in 2 metrigen Abschnitten 1,0882 fm Derbholz; aus Länge und Mittenstärke gemessen 1,023 fm; vor 9 Jahren, als sie völlig freigestellt wurde 0,327. Der Zuwachs vom 116.—125. Jahr betrug daher 0,696 fm = jährlich durchschnittlich **23,6%** der **Masse** von 1895 oder 7,5% der Masse von 1904.

Der mittlere jährliche **Kreisflächen**zuwachs belief sich für 1895/1903

	in 1,18	5,78	10,30	14,81 m Höhe auf
% der Kreisfläche von 1895	**20,2**	16,8	29,4	123,2
„ „ „ „ 1904	7,2	6,7	8,1	10,2.

Die Schaftformzahl war 1895: 0,498 und sank durch den von 2 m über dem Boden abwärts am meisten angehäuften Lichtungszuwachs bis 1904, also in 9 Jahren, auf 0,382.

Eine andere 1893 hier gefällte Tanne hatte mit 135 Jahren nur 23,3 cm Stockdurchmesser und 0,3 fm Derbholz; nach weiteren 122 Jahren besaß dieselbe 10,2 fm Inhalt.

Diese beiden Tannen zeigen wohl die äußersten Grenzen des Lichtungszuwachses, der bei völliger Freistellung ungünstig auf die Schaftform wirkt, für Einzelstämme. Der Lichtungszuwachs der Rotbuche erweist eine ganz ähnliche Entfesselung der Naturgewalt Wir sind schlechterdings nicht berechtigt, auf deren Ausnützung zu verzichten, vielmehr verpflichtet, sie in die richtige Bahn zu lenken. Die Freie Durchforstung behandelt daher die I/III α-Stämme etwa vom 50. Jahr an mit Lichtwuchsbetrieb, annähernd ebenso die besten der β-Stämme.

Wenn die II α-Stämme der Freien Durchforstung, wie wir sehen, mit mehr als der Hälfte jener 7,8 % (vergl. S. 46) arbeiten und II β mit ungefähr $^2/_5$ davon (vergl. Übersicht 23), so darf man umsomehr damit zufrieden sein, als die Stammzahlen dieser II α- und II β-Stämme nicht bloß das doppelte, sondern 6—8fache der „Standbäume" jener stammarmen Altbuchenbestände betragen. Deren Nachteile sollen ja vermieden werden, was nicht möglich ist, ohne die Vorzüge desjenigen hohen Lichtungszuwachses teilweise aufzugeben, der sich an einer geringen Zahl von Einzelstämmen anlegt.

Die Bestimmung des Vorrats der Versuchsbestände an Holzmasse ist ohne Probestämme eine schwierige Sache.

Zur Erreichung dieses Zieles konnten verschiedene Wege eingeschlagen werden.

Man sollte denken, die Berechnung, nach Kraftschen Stammklassen getrennt, von welchen ja die jeweilige Kreisfläche und deren Mittelstamm bekannt ist, werde im Verein mit den zugehörigen, aus der Höhentafel abzugreifenden Scheitelhöhen und den Formzahlen, wie solche S. 39 ebenfalls nach Kraftschen Klassen nachgewiesen sind, gute Ergebnisse liefern. Dieselben erscheinen im Vergleich zu der Aufnahme im Jahr 1897 vielleicht etwas hoch. Es fand sich nämlich im Herbst 1902 vor der Durchforstung für $\begin{matrix} \text{U} & 279{,}0 \\ \text{O} & 274{,}2 \end{matrix}$ fm, gegenüber $\frac{242,8}{229,2}$ im Herbst 1897 nach der Durchforstung. Diese Zahlen mögen für U sofort überzeugen; für O ist aber 274 möglicherweise ziemlich viel, wenigstens im Hinblick auf Übersicht 24; auf Herbst 1903 würde sich sodann bei Berücksichtigung des Durchforstungsanfalls für 1902 eine Holzmasse von 246,6 bezw. 252,0 fm berechnen.

Ein neues Verfahren, nämlich der Massenlinien,[1]) verspricht ganz einleuchtende Zahlen zu liefern, obgleich Vorsicht bei ihrer Benutzung angebracht erscheint. Die Höhen (h), Kreisflächen (g) und Formzahlen (f) der 1897 gefällten je 10 Urich schen Probestämme für die Buchenflächen boten den Stoff zu den Massenlinien, deren Ordinaten g . h und g . f sind. Aus diesen wurden rückwärts h und f für die Klassenmittelstämme abgegriffen und daraus wiederum die bezügl. Holzmassen berechnet. Es ergab sich:

Übersicht 24. Stammklasseninhalt, nach Massenlinien berechnet.

	Untere Fläche:		Obere Fläche:	
	1897 nach der Durchforstung fm	1902 vor der Durchforstung fm	1897 nach der Durchforstung fm	1902 vor der Durchforstung fm
I/III α	60,6	75,0	64,5	83,9
I/III β	76,5	91,5	73,0	90,0
I/III γ	54,7	61,0	34,8	41,4
I/III α—γ	191,8	227,5	172,3	215,3
I/V α—γ	**230,4**	**270,0**	**195,5**	**249,8**

Dies ist für $\frac{\text{U um } 12,4}{\text{O „ } 33,7}$ fm (1897), bezw. $\frac{9,0}{24,4}$ fm (1902) weniger, als die Zahlen auf Seite 49 erste nnd Seite 48 letzte Linie, also ein nicht unerheblicher Unterschied.

Um die Holzmassen für 1902 tunlich genau zu ermitteln, hätten allerdings neue Massenlinien auf Grund von Probestämmen des Jahres 1902 hergestellt werden müssen. Aber letztere standen ja gerade nicht zur Verfügung. Es blieb deshalb nur die Benützung der Massenlinien von 1897 übrig; aus diesen ergeben sich für die Kreisflächen von 1902 (vor der Durchforstung) Form-

[1]) Vergl. Dr. Schüpfer: „Die Entwickelung der Methoden der Holzmassenermittelung für wissenschaftliche Untersuchungen.“ S. 22—35 des Forstwissenschaftlichen Zentralblatts für 1904.

zahlen, die um durchschnittlich 0,017, somit ziemlich größer sind, als 1897, vermutlich ein zu erheblicher Unterschied für nur 5 jährigen Zeitraum. Andererseits sind die aus den Massenlinien berechneten Höhen um nur 0,2—0,3 m größer, einige sogar niedriger als 1897, also offenbar entsprechend zu klein. Es ist ja (beim nämlichen Stamm) $J = g \,.\, h \,.\, f$, somit $f = \frac{J}{g \,.\, h}$, und $h = \frac{J}{g \,.\, f}$, daher h und f voneinander abhängig. Die Produkte g.h.f könnten deshalb immerhin ganz brauchbare Zahlen liefern. Zur Vermeidung von Ungenauigkeiten müssen die Massenlinien in großem Maßstab aufgezeichnet werden.

Es trifft übrigens nicht genau zu, daß die g.h Linie und die g.f Linie, wie behauptet, ganz gerade sind. Richtig ist nur, daß die ausgeglichene Verbindung je ihrer zusammengehörigen Ordinaten einer Geraden auffallend nahe kommt. Hierbei ist die gute Auswahl der Probestämme, insbesondere des stärksten Probestammes von Einfluß. Es ist bekannt, daß bei Probestammverfahren, die sich auf gleichgroße Stammzahlgruppen gründen, hinsichtlich der Zuverlässigkeit der Ergebnisse zu viel darauf ankommt, ob der stärkste Probestamm gut ausgewählt ist. Dieser Gedanke drängte sich mir bei der Aufnahme der Versuchsflächen für die Tübinger Versuchsanstalt, namentlich in älteren Beständen gar oft auf. Deshalb benützte ich auch bei der Aufnahme von 41 Probestämmen für den 13 ha großen Altbuchenbestand Scheurenwies des Schurwaldes[1]) zur Vergleichung mit weiteren 4 Verfahren, ferner für die Eschenversuchsfläche in Fezendöbele dasjenige Robert Hartigs, bei welchem die Probestämme nach Gruppen gleicher Kreisflächen ausgesucht sind.

Bei der Bedeutung, die Herr Dr. Schüpfer den Massenlinien beilegt und die ihnen vermutlich zukommt, wandte ich die beträchtliche Zeit auf, dieselben u. zw. g.h und g.f für 3 Waldteile zu berechnen und aufzuzeichnen, in welchen mir ganz genau aufgenommene eigene Probestämme zur Verfügung standen, nämlich:

1. je 20 Urich'sche und 20 Hartig'sche Probestämme von 12 bis 98 cm Brustdurchmesser und bis zu 13 fm Derbholz aus dem vorhin genannten Buchenaltholz IX 13efa Scheurenwies;

---

[1]) Ein Beitrag zur Bestandesschätzung; Forstwissenschaftl. Zentralblatt 1899, S. 415—422.

2. je 10 Urichsche Probestämme aus den 2 Buchenversuchsflächen in VII 10 c_2 d Rauwiesle;
3. 10 Hartigsche Probestämme der Eschenversuchsfläche in VII 28 c Fezendöbele.

Die Prüfung der g.h und g.f Linien dieser 70 Probestämme ergab folgendes: Obgleich der Waldbestand in Scheurenwies an sich nicht als „normal" gelten kann, sondern nur ein bezeichnendes Muster für die vielen Buchenalthölzer des Schurwaldes darstellt, weichen dessen Massenlinien in ihrem Verhalten nicht erheblich von denen in VII 10 und VII 28 ab. Es ist fast unmöglich, andere als gerade Linien zu ziehen, welche die zusammengehörigen Ordinatenpunkte am meisten befriedigen, namentlich bei den schwächeren und mittleren Stämmen. Bei der g.h Linie ist dies noch auffallender und die sie bestimmenden Punkte liegen noch viel mehr in deren unmittelbaren Nähe, als diejenigen für die g.f Linie. Die größten vorkommenden Entfernungen der Ordinatenpunkte von der g.f Linie betragen nur 3—4, höchstens 5 % vom Abstand zwischen den Ordinaten des schwächsten und kräftigsten Stammes. Nur die 2 stärksten Urichschen Probestämme für IX 13 machen eine Ausnahme, indem bei ihnen jene Entfernung 10 und 14 % beträgt. Die Ordinaten aller andern Hartigschen wie Urichschen Probestämme liegen schön in annähernd gerader Linie, vollends bei g.h und der schwächeren Hälfte derselben.

Es ist daher sehr wahrscheinlich, daß die Massenlinien, besonders die g.h Linie, wenn auch nicht mit voller Genauigkeit, so doch sehr befriedigender Näherung selbst für wissenschaftliche Zwecke benutzt werden können, also namentlich für Berechnung der Massenzuwachsleistungen der verschiedenen Stammklassen.

Der jährliche Zuwachs an Masse und das Massezuwachsprozent wäre nun fürs Hektar auf Grund von Übersicht 24: (Siehe Übersicht 25, Seite 52.)

Der Massezuwachs der besten Stämme des herrschenden Bestandes I/III α ist hiernach mit 6 % noch viel bedeutender[1]) als der

[1]) König fand nach S. 13 seiner Schrift „Über den Lichtungszuwachs, insbes. der Buche, in 115 jährigem geschlossenen Bestand 5,1 fm jährliche Holzerzeugung, 6,9 fm in dem nur um $^1/_4$—$^1/_5$ verminderten Bestande.

an sich hohe **Kreisflächenzuwachs** dieser bevorzugten Stämme. Sodann bestätigt sich auch für die **Holzmasse** auf beiden Buchenversuchsflächen der wichtige Satz: **je besser die Schaftform, desto größer der Zuwachs.**

Übersicht 25.

Jährlicher **Massezuwachs** nach Stammklassen.

	Untere Fläche:		Obere Fläche:	
	fm auf 1,0 ha	= %	fm auf 1,0 ha	= %
I/III α	2,88	4,75	3,88	**6,01**
I/III β	3,00	3,93	3,40	4,65
I/III γ	1,26	2,30	1,32	3,79
I/III α—γ	7,14	3,72	8,60	5,00
I/V	**7,92**	**2,94**	**10,86**	**4,35**

Das **Mittelstammverfahren** erfüllte die ihm zugetrauten Erwartungen durchaus nicht. Herr Dr. **Schüpfer** sagt nämlich a. a. O. S. 33: „Die Bestandesmasse muß also in dem Produkt aus Mittelstammmasse mit Bestandesstammzahl mit großer Genauigkeit gefunden werden.“ Man sollte denken, daß bei der immerhin großen Zahl von 130 gefällten Stämmen für jede der beiden Versuchsflächen mindestens ½ Dutzend Bäume zu finden seien, die sich als Mittelstämme zur Massenberechnung eignen, u. zw. nicht bloß wegen ihrer Kreisflächenmittelstärke, sondern auch ihres ganzen Aussehens und z. T. ihrer Klassenangehörigkeit halber. Nimmt man dann das Mittel aus den Derbholzinhalten, so müßte dessen Produkt mit der Bestandes- (oder Klassen-) Stammzahl die Holzmasse des Bestandes (oder der Klasse) mit großer Wahrscheinlichkeit darstellen. Wir wollen sehen!

Die Grundflächenmittenstärke im Herbst 1902 ist für $\begin{matrix}\text{U } 16{,}9\\ \text{O } 18{,}0\end{matrix}$ cm. Es fand sich nur ein einziger Stamm mit 16,9 cm unter den gefällten, und dieser hatte auffallend geringen Inhalt, aber gar keiner mit 18,0 cm. Es durfte daher zur Berechnung des Durchschnitts ein entsprechender Spielraum gewährt werden. Ersterer fand sich für 16,9 mit 16,5—17,6 im Mittel von 8 Stämmen zu 16,8 cm und für 18,0 : 17,1—18,7 cm im Mittel von 6 Stück = 18,0 cm. Dabei waren Stämme von O und U zuzulassen, und es berechnet sich ein äußerst verschiedener Inhalt, je nachdem man nur Mittelstämme der betreffenden Fläche berücksichtigt oder solche von beiden Flächen zusammen, nämlich

Übersicht 26.

Massenberechnung nach dem Mittelstammverfahren.

Untere Fläche:					Obere Fläche:				
Mittelstämme von Fläche	Anzahl	Stärkemittel cm	Durchschnittsinhalt fm	Masse fm Derbholz	Mittelstämme von Fläche	Anzahl	Stärkemittel cm	Durchschnittsinhalt fm	Masse fm Derbholz
U	3	17,2	0,1689	150	O	4	18,8	0,2774	278
O	5	16,8	0,2357	212	U	2	17,3	0,2065	208
U + O	8	17,0	0,2104	**187**	U + O	6	18,0	0,2538	**255**

Der Inhalt von O mit 255 fm würde ganz befriedigend mit demjenigen von 249,8 fm übereinstimmen, welcher sich nach dem Massenlinienverfahren berechnet. Um so schlimmer steht es mit dem Ergebnis für U, wo sich im Mittel 187 statt 270 fm Derbholz berechnen.

Wie ist das möglich? Die Erklärung ist vielleicht nicht so schwierig. Bei einem Blick in die Übersicht 11 und 12 Seite 24/25 über den Durchmesserzuwachs findet sich, daß die gen. Mittelstärken von 16,9 und 18,0 im Jahr 1902 gerade zwischen der Kraftschen Klasse II und III liegen, also fast zu den voll herrschenden Stämmen gehören.

Nun entstammen aber die 5 nach dem Durchmessermittel gewählten Bäume in U durchweg der Klasse IVb, waren somit Stämme, die bald im ganz unterdrückten Teil des Nebenbestandes untergetaucht wären. Von den 9 Stück aus O gehören 6 der Klasse III an, 2 IVa und 1 IVb, also auch diese sind durchschnittlich geringer, als sie sein sollten, um wirkliche Mittelstämme nicht bloß nach dem Brustdurchmesser, sondern ebenso nach ihrer ganzen Erscheinung und Derbholzmasse zu sein.

Vorläufig kann daher in Fällen, wie dem vorliegenden nicht zur Benutzung des Mittelstammverfahrens geraten werden. Jedenfalls bedarf dasselbe noch weiterer Klärung. So empfiehlt es sich auch nicht, die Holzmassen von 1902 und 1903 seit der letzten Durchforstung nach dem Mittelstammverfahren an der Hand der angefallenen Stämme zu berechnen, wie beabsichtigt war. Mindestens müßte eine Anzahl wirklicher Mittelstämme (nicht bloß nach dem Durchmesser) gefällt werden; doch stimme ich eher mit Herrn Oberförster Dr. Eberhard in Langenbrand überein, der Bestandesaufnahmen mit Grundflächenmittelstämmen, auch im Hinblick auf die Loreysche 1877er Mahnung zur Vorsicht, nicht zur Anwendung empfehlen kann. (Allgem. Forst- und Jagdzeitung 1904 S. 92.)

Ein anderer Ausweg wäre die Messung von Probestämmen auf den Flächen selbst, von der Leiter aus, was aber seine Schranken hat, oder auf photographischem Weg (nach Jakob Weber). Bei letzterem Verfahren, das aber noch sehr des Ausbaus bedarf, ist übrigens nicht zu übersehen, daß man auf dem Bild nicht den genauen Durchmesser AB erhält, sondern die Verbindungslinie CD der Berührungspunkte der Sehstrahlen EC und ED mit dem Stammumriß. Jedenfalls bei stärkeren Bäumen darf der Sehwinkel α von der Linse nach dem Stamm nicht unberücksichtigt bleiben und die aus demselben zu folgernde Berichtigung. Nebenbei bemerkt, ändert sich dieser Winkel auch von genau demselben Standpunkt aus nach den verschiedenen Höhen am nämlichen Schaft. Für scharfe Messungen, z. B. des Jahreszuwachses, wird die photographische Aufnahme vorläufig wohl noch nicht zu gebrauchen sein, ganz abgesehen von der perspektivischen Verkürzung, auch bei Stereoskopbildern, nicht zu reden von der tatsächlichen Abnahme des Durchmessers nach oben.

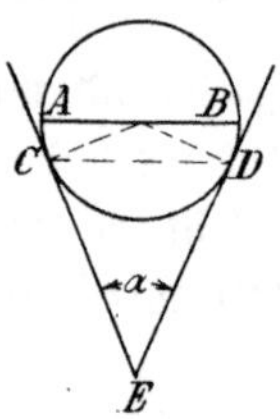

Abbildung 1.

In Ermangelung genauerer Grundlagen kann man die Holzvorräte der beiden Buchenversuchsbestände im Herbst 1902 vor der Durchforstung nun auch nach den bayerischen Massetafeln berechnen. Dies gibt, wie ohnedies zu vermuten, aber außerdem in meinem „Beitrag zur Bestandesschätzung“[1]) nachgewiesen, befriedigende Zahlen. Benutzt man die Kurven der im Dezember 1903 gemessenen Höhen und zieht näherungsweise als Höhenzuwachs von 1903 je $1/_5$ des 1897 gemessenen 5jährigen Gipfeltriebes = 0,25 bis 0,28 m ab, so berechnet sich für U ein Holzvorrat von 286,0 fm, für O von 287,7 fm, also nahezu gleich. Da der Holzvorrat nach

[1]) Forstwissenschaftliches Zentralblatt 1899, S. 421.

der Durchforstung von 1897 in $\begin{matrix}\text{U}\ 242{,}8\\ \text{O}\ 229{,}2\end{matrix}$ fm betrug, so beläuft sich hiernach der 5jährige Massezuwachs in $\begin{matrix}\text{U}\\ \text{O}\end{matrix}$ auf $\begin{matrix}43{,}2\\ 58{,}5\end{matrix}$ fm oder jährlich $= \begin{matrix}8{,}64\\ \mathbf{11{,}70}\end{matrix}$ fm $= \begin{matrix}3{,}56\\ \mathbf{5{,}10}\end{matrix}$ %. Nach diesem Verhältnis wären im Herbst 1903 die Holzvorräte der beiden Buchenversuchsflächen 256,3[1]) . 1,0356 = 265,4 fm für U und 254,5[1]) . 1,051 = 267,5 fm für O gewesen, durchweg Derbholz.

Zu unmittelbarem Vergleich mögen hier übrigens die Rechnungsergebnisse von 1897 und 1902 für die Buchenversuchsflächen nebeneinandergestellt werden:

Übersicht 27.

	Untere Fläche (U):						Obere Fläche (O):					
	Gehauen	%	Bleibend	%	Zusammen	%	Gehauen	%	Bleibend	%	Zusammen	%
	Herbst 1897 durchschnittl. 58jährig:						Herbst 1897 durchschnittl. 59jährig					
ammzahl Stck. .	689	(34,9)	1285	(65,1)	1978	(100)	510	(33,6)	1008	(66,4)	1518	(100)
eisfläche qm . .	5,1	(16,9)	25,4	(83,1)	30,6	(100)	8,8	(28,4)	22,2	(71,6)	31,0	(100)
rbholz fm . . .	**33,3**	(12,0)	**242,8**	(88,0)	**276,1**	(100)	**80,8**	(26,0)	**229,2**	(74,0)	**310,0**	(100)
isig fm	16,9	(20,7)	64,7	(79,3)	81,6	(100)	24,0	(31,7)	51,8	(63,3)	75,8	(100)
	Herbst 1902 63jährig:						Herbst 1902 64jährig					
ammzahl Stck. .	302	(23,5)	983	(76,5)	1285	(100)	216	(21,4)	792	(78,6)	1008	(100)
eisfläche qm . .	3,63	(12,5)	25,12	(87,5)	28,75	(100)	3,36	(13,1)	22,31	(86,9)	25,67	(100)
rbholz fm . . .	**29,7**	(10,4)	**256,3**[1])	(89,6)	**286,0**	(100)	**33,2**	(11,5)	**254,5**[1])	(88,5)	**287,7**	(100)
isig fm	4,60						4,32					

Sämtliche Zahlen dieser Übersicht beziehen sich auf 1,0 ha.

Obgleich auf der oberen Fläche in 5 Jahren zusammen 114,0 fm Derbholz gehauen wurden, gegenüber 63,0 fm auf der unteren, hat erstere, welche $\begin{matrix}\text{vor}\\ \text{nach}\end{matrix}$ dem Lichtwuchshieb von 1897 $\begin{matrix}33{,}9\\ 13{,}6\end{matrix}$ fm Derbholz $\begin{matrix}\text{mehr}\\ \text{weniger}\end{matrix}$ besaß als U, letztere im Holzvorrat bereits wieder überholt. Wäre es möglich, eine genaue Berechnung des Wertes der beiden Versuchsbestände zu fertigen, vollends wenn die Erwartungswerte nicht noch besondere Schwierigkeiten böten, so

[1]) Nach den baierischen Massetafeln, unter Abzug des Durchforstungsanfalls von 1902.

müßte sich das Übergewicht von O, also der Freien Durchforstung, noch viel eindringlicher zeigen.

Die Übersichten 27 und 24 würden gewiß besser übereinstimmen, wenn Massenlinien für 1902 zur Verfügung gestanden hätten. Trotz der nicht unbedeutenden Unterschiede ist aber Übersicht 24 nebst 25 dennoch von entschiedenem Wert, da die Zahlen für U und O nach dem nämlichen Verfahren ermittelt wurden und deren Verhältnis für die Beurteilung und den Erfolg beider Durchforstungsarten ausschlaggebend ist.

5. Abschnitt.

Adelberger Zuwachsbilder.

Was das Auge sieht, glaubt das Herz. Diese alte Wahrheit kann wohl nicht leicht für einen Gegenstand so überzeugend vorgeführt werden, als für gezeichnete Darstellung, vollends von Zuwachsverhältnissen, am meisten des, zahlenmäßig entfernt nicht so übersichtlichen, Jahreszuwachses. Wer an Zahlen achtlos vorübergeht, hat vielleicht um so mehr ein Auge für lebhafte Gegensätze, die in der Zeichnung mit einem einzigen Blick überschaut werden und eben durch diese Gegensätze fesseln.

Hiervon ausgehend sind die Bilder 1—83 auf Tafel III—VI dargeboten. Dieselben stellen folgendes vor: Bild 1, 15, 16 die Kreisflächensummen in qm auf 1,0 ha für jedes der Jahre 1897 bezw. 1899 bis 1903, und zwar 1 für die Eschenversuchsfläche, 15 und 16 (U und O) für die Buchenversuchsflächen. Bild 2—13 zeigt, wie alle andern Bilder für den Zeitraum 1898—1903, den jährlichen Kreisflächenzuwachs in qcm auf 0,2680 qm für die Eschenfläche, 17—34 für U auf 0,2513 ha, 43—60 für O auf 0,2490 ha, getrennt nach den 3 wichtigsten Schaftformklassen α, β, γ und zugleich für die Kraftschen Stammklassen. Die Bilder 35—40 (U), 61—66 (O) fassen den Grundflächen-Zuwachs nach Kraftschen Stammklassen, 41—42 (U) und 67—68 (O) nach Haupt- und Nebenbestand in qcm, 69—71 (U) und 72—74 (O) nach den Schaftformklassen allein, 14 (Eschen),

75 (U) und 76 (O) nach dem Gesamtbestand[1]) in qm auf 1 ha zusammen. Bild 77, 78, 79 weist das Kreisflächenzuwachsprozent getrennt nach Schaftformklassen, 83 das Massenzuwachsprozent für den Hauptbestand nach Schaftformklassen und im ganzen, sowie für die Gesamtflächen.

Bild 80—82 endlich ermöglicht einen Vergleich zwischen der jährlichen Witterung nach Wärme- und Niederschlagsmenge und deren Einfluß auf den Jahreszuwachs für die Eschen- und jede der beiden Buchenflächen. Die wichtigen Beziehungen zwischen Witterung und Zuwachs mögen an dieser Stelle noch etwas näher beleuchtet werden, nachdem die Zuwachsverhältnisse selbst bisher eingehend besprochen wurden.

Wie schon S. 10 erwähnt, vermochte ich einen nennenswerten oder gar ausschlaggebenden Einfluß der Wärmegestaltung in den Monaten Januar bis März auf den Jahres-Zuwachs im Sinne von Herrn Professor Dr. Schwarz in Eberswalde in keiner Weise zu finden. Das Nähere hierüber ist in Nr. 26 des Jahrgangs 1901 von „Aus dem Walde" ausgeführt.

Man ist wohl mit Recht gewöhnt, das außerordentlich üppige Wachstum der Pflanzen in einem großen Teil der heißen Länder auf die gleichzeitige Einwirkung sehr starker Niederschläge und hoher Wärmegrade zurückzuführen.[2]) Es muß daher verblüffend wirken, wenn Herr Prof. Dr. Schwarz nachwies, daß, wenigstens nach seinen Forschungsergebnissen für die Kiefer, hauptsächlich nur die Wärme der Monate Januar bis März, also bei uns völliger Wachstumsruhe (einschl. der Wurzeln) für den Jahreswuchs maßgebend sein solle. Auch für die Kiefer wären noch vergleichende

[1]) Längere Zeit nach der Aufzeichnung von Bild 1—83 kam mir wieder die Böhmerlesche, besonders anziehende Schrift: „Bisherige Erfahrungen rc." zur Hand. Dort ist S. 59 die nämliche Darstellungsweise für den jährlichen gesamten Stammgrundflächenzuwachs von 4 Vergleichsflächen angewandt.

[2]) Nach J. Hann, Lehrbuch der Meteorologie 1901 beträgt (S. 142) die mittlere Jahreswärme des 10. Grads nördl. Breite („Wärme-Äquator") 27,1° C.; die größte beobachtete Monatswärme der Erde (S. 92) in Nagpur — Ostindien — 34,6° C. (im Mai); die höchsten gemessenen Jahresniederschläge sind (S. 358) in Cherrapunji (1250 m) — Ostindien — nach 36jährigem Mittel 11790 mm und in Debundja am SW-Fuß des Kamerungipfels 9460 mm.

Versuche in dieser Richtung anzustellen u. zw. für ganze Versuchsbestände, nicht bloß für einzelne Bäume.

Die in Übersicht 28 mitgeteilten und in Tafel VI, Bild 80 und 82 dargestellten Angaben der Wärme in ^{0}C. und der Niederschläge in mm entstammen ausschließlich meiner eigenen hiesigen Wetterwarte, an der seit 11 Jahren, in der Hauptsache von mir selber, die Beobachtungen streng regelmäßig zu den allgemein üblichen Zeiten angestellt und sorgfältig aufgezeichnet werden. Die Wärmeangaben sind durchweg das Mittel aus Tiefst- und Höchstwärme, welches ja dem tatsächlichen genauen Durchschnitt aus 2stündlichen und noch häufigeren Ablesungen fast gänzlich gleichkommt.

Das Klima von Kloster Adelberg ist auf Grund meiner Beobachtungen a) über die Luftwärme (10jähriges Mittel, 1894 bis 1903), b) hinsichtlich des Jahresniederschlags (8jähriges Mittel, 1896—1903) folgendes: a) Januar — 0,3 ^{0}C. (wie Berlin), Juli 17,1 ^{0}C. (wie München), ganzes Jahr 8,4 ^{0}C. (wie Göttingen); b) 923 mm, wovon 107 mm Schneeschmelzwasser. (Vgl. Übersicht 28, Seite 59.)

Das in Luftlinie 31 km westlich von Adelberg gelegene Stuttgart mit 260 m Meereshöhe hatte in den nämlichen 10 bezw. 8 Jahren durchschnittlich 10,0^{0}C. Jahres-Wärme und 691,9 mm Niederschlag, wovon 39,4 mm Schneeschmelzwasser, während das 50jährige Mittel für Stuttgart 9,8 ^{0}C. und 656,4 bezw. 53,9 mm beträgt.

Die Messungen der Durchmesser auf den Versuchsflächen sind streng vergleichsfähig; sie wurden sämtlich 1897/1903 im Oktober nachmittags ausgeführt, 1902 am 20., in den anderen 6 Jahren zwischen dem 4. und 6. Oktober, nie bei Regen oder Kältegraden (was von Belang ist): außerdem, wie früher mitgeteilt, an sorgfältig festgelegten Punkten 1,3 m über dem Boden an der O- und S-Seite jedes Stammes, auf mm genau. Es sind somit **alle** Voraussetzungen peinlich scharfer Vergleichbarkeit erfüllt, einschließlich der Wahl der für diesen Zweck günstigsten Jahreszeit.

Es bedarf auch keines weiteren Beweises mehr, daß der Jahreskreisflächenzuwachs bei solchen Vorsichtsmaßregeln mit völliger Genauigkeit gemessen werden kann. Dies würde schon aus den Zuwachsbildern hervorgehen. Man beachte an denselben die starken

Jahresschwankungen und den dabei so auffallend ähnlichen Verlauf der einzelnen wichtigeren Klassen unter sich und mit den Bildern, welche den Haupt- und Nebenbestand je für sich zusammenfassen.

Übersicht 28.

Wärme und Niederschlag am Forsthaus Adelberg (462 m). Vergl. Tafel VI.

	1898	1899	1900	1901	1902	1903
Wärme °C. (Mittel aus Tiefst- und Höchstwärme):						
anuar	+ 2,9	+ 3,0	+ 1,5	— 2,6	+ 1,9	+ 0,5
ebruar	1,1	3,7	3,4	— 4,4	— 0,2	4,1
ärz	3,7	4,1	1,4	+ 2,6	4,3	6,4
anuar bis März	2,6	3,6	2,1	— 1,4	+ 2,0	3,7
pril	8,5	7,9	8,5	8,8	9,7	4,4
anuar bis April	4,1	4,7	3,7	— 1,1	3,9	3,9
ai	11,6	11,3	11,2	13,1	8,4	12,4
uni	14,5	15,1	16,2	16,2	14,9	14,8
uli	14,8	16,7	18,7	18,3	16,6	15,9
ai bis Juli . .	13,6	14,4	15,4	15,9	13,3	14,4
uguſt	18,7	17,6	16,4	16,5	15,8	15,9
ai bis Auguſt .	14,9	15,1	15,6	16,0	13,9	14,7
alenderjahr . .	9,1	8,7	9,1	7,9	7,7	8,4
Niederschlag mm = 1 vom qm (hiervon Schneeschmelzwasser):						
anuar	27,5	93,7 (40,8)	203,2 (56,5)	14,3 (6,0)	63,7 (32,0)	42,3 (5,1)
ebruar	77,6 (46,4)	33,1 (3,0)	58,7 (19,4)	48,6 (48,6)	32,1 (17,0)	17,4 (0,8)
ärz	74,3 (34,9)	8,5 (5,4)	112,0 (70,6)	65,7 (34,6)	89,3 (26,0)	36,8 (0,9)
anuar bis März	179,4 (81,3)	135,3 (49,2)	373,9 (146,5)	128,6 (89,2)	185,1 (75,0)	96,5 (6,8)
pril	108,3 (20,0)	164,4	31,1 (8,0)	110,8 (2,1)	23,1	97,6 (33,4)
anuar bis April	287,7 (101,3)	299,7 (49,2)	405,0 (154,5)	239,4 (91,3)	208,2 (75,0)	194,1 (40,2)
ai	189,8	69,1 (1,0)	103,2 (8,5)	10,5	103,7 (0,2)	52,5
uni	84,4	60,0	51,3	109,7	117,0	94,2
uli	114,0	69,7	102,6	127,3	108,8	115,0
ai bis Juli . .	388,2	198,8 (1,0)	257,1 (8,5)	247,5	329,5 (0,2)	261,7
uguſt	67,0	64,7	80,3	110,0	147,2	143,0
ai bis Auguſt .	455,2	263,5 (1,0)	337,4 (8,5)	357,5	476,7 (0,2)	404,7
alenderjahr . .	950,2 (105,7)	814,6 (56,3)	1012,1 (163,2)	857,3 (154,5)	928,3 (98,8)	866,4 (73,1)

Unter diesen Umständen kann der Verlauf des Zuwachses in Bild 81 unmittelbar mit dem von Wärme und Niederschlag in Bild 80 und 82 verglichen und in ursächlichen Zusammenhang gebracht werden. Zum Überfluß ist in Bild 81 die Zuwachsgestaltung des Hauptbestandes von der des Gesamtbestandes noch besonders ausgeschieden, worin, wie nicht anders zu erwarten, nur ganz unbedeutende Unterschiede bestehen.

Der Zuwachsgang von U und O ist ein sehr ähnlicher. Desto auffallender ist der Gegensatz zum Zuwachs der Eschenfläche: letzterer ist am höchsten, wenn derjenige auf den Buchenflächen am geringsten ist und umgekehrt. Die Schwarzschen Annahmen lassen sich auf keine der beiden Holzarten anwenden; die Buchen haben sogar 1901 fast den höchsten Zuwachs trotz tiefsten Standes der Luftwärme von Januar bis März; der Eschenzuwachs hat 1901 allerdings einen Tiefstand, 1903 aber solchen von neuem, trotz starken Ansteigens der Winterwärme.

Bei näherer Betrachtung und Vergleichung der einzelnen Kurven untereinander zeigt sich die ebenso merkwürdige, als einfache Tatsache: **die jährliche Zuwachsgröße an Grundfläche** bei Buche und Esche **wird durch die Witterung des Mai entschieden** und zwar für die Buche durch die Wärme, für die Esche durch die Niederschlagsmenge dieses Monats. Es ist also weder die Winter-Wärme, noch diejenige der „Hauptwuchszeit" Mai bis Juli mit gleichzeitigen Niederschlagsmengen, welche auf den Zuwachs von bestimmendem Einfluß sind, sondern die Befriedigung besonderen Wärmebedürfnisses bei der Buche und erhöhten Feuchtigkeitsbedarfs bei der Esche im ersten Blätterschmuck des Wonnemonats, welche die maßgebende Rolle spielen. Damit ist übrigens nicht gesagt, daß der größere Teil des Zuwachses tatsächlich auch im Mai selbst geleistet werde.

Der sehr warme, auffallend regenarme Mai 1901 kam dem Wuchs der Buche ebenso zustatten, als er die Esche schädigte. Der nasse Mai 1900 und 1902 förderte die Esche und hielt die Buche zurück; in diesen beiden Jahren kamen außerdem noch Maifröste dazu, die der später austreibenden Esche nicht schadeten. Über die Wirkung der Maifröste auf den Zuwachs der Buchenflächen, worüber ich genaue Untersuchungen anstellte, werde ich berichten, sobald ich etwas Zeit dazu finde.

Der nasse, in Beziehung auf Wärme aber dem 10jährigen Mittel entsprechende Mai 1898 hatte einen guten Zuwachs der Esche zur Folge, wie aus den noch vorhandenen Stammscheiben der Versuchsfläche in Fezendöbele hervorgeht, und zugleich den höchsten Zuwachs der Buche. Doch spielte bei der Buche jedenfalls die unmittelbar vorhergegangene Durchforstung der beiden Versuchsflächen stark mit. Der Esche wiederum kann die Wärme im Mai ebenfalls bloß zustatten kommen, wenn nur gleichzeitig ihrem sehr starken Feuchtigkeitsbedürfnis genügt wird. Jahreszuwachsmessungen an Erlenversuchsbeständen würden ähnliches vielleicht noch deutlicher zeigen.

Die Aufzeichnungen über den auffallenden Verlauf des Laubausbruchs bei Buche vom 7.—21. Mai 1902 und der an letzterem Tag erst beginnenden Entfaltung der Eschenknospen werden mit der erwähnten Maifrostuntersuchung s. Z. näher mitgeteilt werden. Ebenso noch eingehendere Erhebungen von 1904.

Für 1904 ist nach der Witterung des feuchten und besonders warmen Mai (13,4° C. und 104 mm) sehr guter Zuwachs für die Eschen und Buchen zu erwarten, falls ersteren nicht das Eschensamenjahr 1904 beeinträchtigt.

Auch hier sei wieder auf eine Veröffentlichung der forstlichen Versuchsanstalt Mariabrunn hingewiesen, nämlich S. 10 des früher erwähnten Böhmerleschen Aufsatzes „Über die Vornahme genauer Kluppierungen". Dort heißt es nämlich: „Wenn wir wieder zu den Resultaten zurückgreifen, welche mittelst der im Mariabrunner botanischen Garten aufgestellten Zuwachsautographen s. Z. gewonnen worden sind und über welche Hofrat Friedrich schreibt: „Aus diesen Zusammenstellungen und graphischen Darstellungen ergibt sich, daß vom Beginne des Zuwachses derselbe bis gegen Ende Mai rapid zunimmt, dann bis gegen Mitte Juni unbedeutend sinkt, Mitte Juli zum 2. Mal ein Maximum erreicht und dann ziemlich rasch abfällt, um um die Mitte des Monats August schon ganz aufzuhören.""

Mit diesen Ergebnissen sind die Schlüsse in guten Einklang zu bringen, welche vorstehend aus den Beziehungen zwischen Witterung und Zuwachs an der Hand der Zeichnung gezogen wurden.

6. Abschnitt.

Folgerungen für Wissenschaft und Wirtschaft.

Unabhängige, allein aus Liebe zur Sache getane Mitarbeit an der Durchforstungslehre schließt Pflichten und Rechte in sich. Pflicht ist möglichst gründliche Kenntnis der bestandenen und bestehenden Strömungen in Wissenschaft und Wirtschaft und eigene nachhaltige Leistung mit schonungsloser Selbstbeurteilung; Recht ist gewissenhafte Prüfung und Beurteilung der fremden und das Eintreten für die haltbaren eigenen Erzeugnisse.

Den Pflichten glaube ich u. a. durch 6jährige Arbeit auf den Versuchsflächen nachgekommen zu sein (abgesehen von 12jähriger, verantwortlicher Betätigung im Walde), ohne Beeinträchtigung der Rechte anderer, sowie durch die Veröffentlichung der mit größter Genauigkeit berechneten Ergebnisse.

Die Selbstprüfung an dieser Stelle muß vor allem die Frage beantworten: ist mit den Schaftformklassen etwas gewonnen und ein Fortschritt in der Durchforstungslehre gemacht? Dies wird dann bejaht werden können, wenn im Verhalten dieser Klassen grundsätzliche und erhebliche, für die Wirtschaft maßgebende Unterschiede bestehen. Daß dem so ist, dürfte in den vorhergehenden Abschnitten zur Genüge dargetan sein. Die Zweckmäßigkeit der Schaftformklassen selbst ist von niemand bestritten,[1]) im Gegenteil von verschiedenen Seiten anerkannt. Daß von den zahlreichen Verbindungen dieser 7 Klassen mit den 7 Kraftschen Kronenklassen nur der kleinste Teil für die Wirtschaft wichtig ist, wurde schon früher von mir selber hervorgehoben. Man kommt in der Hauptsache mit α, β und γ, allenfalls noch δ, ε und η des herrschenden Bestandes aus. Damit fällt der etwaige Einwand „zu weitgehender Belastung". Eine Anzahl von Bäumen kann gleichzeitig 2 Schaftformklassen angehören; z. B. ein Zwiesel, dessen unterer oder einer Teil mehrere Meter Stammholz, liefert, hat die Bezeichnung $\beta\delta$ oder $\delta\beta$ und wird dementsprechend in die Klassen β oder δ eingereiht, je nachdem die eine oder andere Eigenschaft überwiegt.

---

[1]) Vergl. übrigens Seite 100.

Eine hochangesetzte Zwieselbildung mit sonst nutzholztüchtigem Schaft kann auch $\alpha\delta$ sein, mindestens $\beta\delta$.

Der Vorzug dieser Bezeichnung nach Kraftschen Stamm- und gleichzeitig nach Schaftformklassen ist und bleibt die denkbar kürzeste und doch genaue Beschreibung der Stämme zur Zeit der Aufnahme. Diese Bezeichnung gibt z. B. bei Probestämmen nachträglich noch Rechenschaft darüber, welche Bedeutung im Bestand sie besaßen und ob sie als solche gut gewählt waren, ganz allgemein aber Aufschluß darüber, ob und wie ein Baum irgendwelcher Kraftschen oder sonstigen Kronenklasse für die Nutzholzwirtschaft in Betracht kommt. —

Die neuere Durchforstungslehre richtet ihren Blick hauptsächlich auf die Zuwachsleistungen der einzelnen Stammklassen. Herr Professor Dr. Wimmenauer wählt in seinen wertvollen Aufsätzen „zur Statik des Durchforstungsbetriebes"[1]) 5 Klassen von gleicher Grundfläche, rechnet aber mit Wertmetern, die vortrefflichen Einblick in die entscheidenden Leistungen geben. Herr Professor Nossek legt seinen Zuwachsberechnungen an 2 Fichtenversuchsflächen[2]) die Einteilung in 4 (bezw. 5) Klassen gleicher Stammzahlen zugrunde. Ähnliches geschieht anderwärts.

Demgegenüber möchte ich an den vereinigten Kraftschen und Schaftformklassen festhalten. Sind auch die Gruppen weder nach Stammzahl noch Kreisfläche hierbei gleich, so verlieren sie dafür den Zusammenhang mit der so durchsichtigen Kraftschen Einteilung und mit der Nutzholzfähigkeit des einzelnen Stammes nicht, sind auch kleiner und dadurch in ihrer Rolle leichter zu überblicken. Es kommt ja überhaupt gar nicht darauf an, was die 400—500 stärksten oder das stärkste Viertel u. dergl. der Stämme, sondern was eine zweckmäßige Anzahl der besten Stämme leistet. Die nie fehlende gleichzeitige Altersangabe ergänzt die Bedeutung der gebotenen Zahlen

Die Zukunft des Waldes liegt nicht in der Massenwirtschaft, sondern in der Wertwirtschaft. Letztere will in der nämlichen Zeit und mit womöglich geringeren Kosten bedeutend

[1]) 1900 S. 297—301 und 1903 S. 18—21 der Allgemeinen Forst- und Jagdzeitung.

[2]) Ein Beitrag zur Lehre von den Durchforstungen, 1903, S. 251 bis 260 der Allgemeinen Forst- und Jagdzeitung.

höhere Werte auf gleicher Fläche erzielen, als die bisherige Massenwirtschaft. Werden außer den höheren Einheitswerten für schöne Stämme mindestens so große oder noch größere Massen gewonnen, denn seither, um so besser. Also auch Wirtschaft möglichst langjähriger „gleicher Ringbreiten“, nicht bloß gleicher Jahrringflächen! Man vergleiche: Michaelis, „Das Mehr der Werterzeugung bei der dänischen Durchforstung“ in den Mündener Forstlichen Heften. Nur bedarf es nicht gerade der stammarmen „dänischen“ Durchforstung, sondern die Freie Durchforstung oder die Hochdurchforstung werden „so frei“ sein, dasselbe zu leisten.

Zur Beleuchtung der großen Wertunterschiede je nach der Schaftform seien die Durchschnittserlöse für Buchenstammholz im Forst Adelberg für die letzten 3 Jahre mitgeteilt; a war 1902 und 1903 „ausgesuchte“ Ware; 1904 bezeichnete a nur noch „schöne“ Stämme, da die ausgesuchten augenscheinlich gar zu selten sind, b gewöhnliche Stücke, c Ausschuß, wie im Jahr 1901 amtlich eingeführt. Diese Erlöse waren:

Übersicht 29.

Adelberger Buchenstammholzerlöse.

	100/109		90/99		80/89		70/79		60/69		50/59		40/49		30/39		20/29	
	fm	Mk.	fm	Mk.	fm	Mk.	fm	Mk.	fm	Mk.	fm	Mk.	fm	Mk.	fm	Mk.	fm	Mk.
									1902:									
a	—	—	—	—	—	—	1	40,0	2	36,7	6	32,3	8	30,2	12	20,2	2	22,8
b	—	—	—	—	2	24,5	11	26,8	27	25,5	31	22,5	64	21,7	106	17,9	7	15,7
c	—	—	—	—	—	—	—	—	—	—	—	—	—	—	—	—	—	—
	—	—	—	—	—	24,5	—	28,0	—	26,3	—	24,1	—	22,6	—	18,2	—	17,2
									1903:									
a	—	—	—	—	—	—	—	—	1	39,3	6	34,1	8	31,0	16	22,5	1	21,4
b	—	—	—	—	2	28,1	18	30,2	16	29,5	40	25,7	127	21,1	185	14,9	17	14,0
c	3	23,2	6	19,2	13	19,2	5	21,5	9	19,4	5	15,7	11	15,3	3	12,6	—	—
	—	23,2	—	19,2	—	20,6	—	28,2	—	26,4	—	25,7	—	21,2	—	15,4	—	14,4
									1904:									
a	—	—	—	—	—	—	2	35,0	11	33,3	13	29,6	17	29,0	18	22,4	1	22,4
b	—	—	—	—	7	24,1	15	24,8	40	25,1	40	23,4	73	21,9	150	16,5	16	16,3
c	—	—	—	—	11	22,2	2	20,3	10	20,5	12	20,9	2	20,5	1	16,0	—	—
	—	—	—	—	—	23,0	—	25,4	—	25,8	—	24,2	—	23,2	—	17,2	—	16,6

1904 fand aus hier nicht zu erörternden Gründen bei den angefallenen 440 fm Rotbuchenstammholz (ohne Rinde) für die stärkeren Durchmesser keine so entschiedene Wertsteigerung statt (bis etwa 70 cm), wie in den letzten 7 Jahren. Aber das eine tritt doch in allen Stärkestufen um so schärfer hervor, daß nämlich für schöne Stämme ganz auffallend viel mehr bezahlt wird, als für gewöhnliche oder gar Ausschuß der nämlichen Dezimeterklasse; ja dieser Unterschied ist meistens, und zwar oft erheblich, größer, als der zwischen den Durchschnittserlösen der hohen und der niederen Stärkestufen: bei Rotbuche bis zu 20 Mk. vom fm, bei Eiche, Ahorn, Esche, Hainbuche, Erle z. T. noch viel mehr. Zudem ist diese Erscheinung eine ganz allgemeine, wie aus den vielen einlaufenden Mitteilungen von anderen Forsten geschlossen werden muß.

Die genannten Tatsachen stellen aber den Forstbetrieb vor ein ganz erdrückend eindringliches: „Du sollst!" Es ist weit weniger wichtig, recht **starkes** Stammholz zu erziehen, als möglichst **schönes**, also von bester Schaftform. Das gilt namentlich vom Laubholz. Beim Nadelholz werden, wie schon länger bekannt, Stämme von etwa 35—40 cm Durchmesser an aufwärts überhaupt nicht mehr besser bezahlt, als unter dieser Grenze, während das Laubholz von über 35 cm um so mehr gesucht ist und bis zum Doppelten dieses Betrages ziemlich gleichmäßig im Werte weiter steigt.[1])

Bei den mitgeteilten hohen Preisen für schöne Buchenstämme ist nicht zu übersehen, daß es sich dabei in der Regel um verhältnismäßig kurzes Stammholz handelt. (Stärkere) Buchennutzstämme von 10 m Länge an sind im Schurwald schon eine Seltenheit. Vielleicht mit der großen Mehrzahl des bisherigen Buchennutzholzes wird daher die Schaftform α „langschäftig" (und dabei gerade und schön) noch nicht einmal erreicht, sondern handelt es sich meistens noch um β-Hölzer (mittelmäßige oder kurze Nutzstämme).

Nun ist allerdings der Wert des Laubstammholzes keineswegs an die Länge gebunden, sondern neben der Beschaffenheit hauptsächlich an den Durchmesser (fast umgekehrt wie beim Nadelholz). Wenn daher auch längeres Laubstammholz bei gleichem Durchmesser weit nicht im

[1]) Vergl. Heck, „Zur Sortierung und Preisbildung des Laubstammholzes" S. 12—18 vom Jahrgang 1902 der Allgemeinen Forst- und Jagdzeitung.

Verhältnis zu dem Mehr an Länge besser bezahlt wird, so ist ein mäßiger Mehrerlös für größere Längen bei gleicher Güte und Mittenstärke doch ganz sicher. Dies ergaben angestellte Berechnungen. Was aber dabei noch mehr ins Gewicht fällt, als der höhere Durchschnittserlös, ist die erhebliche Steigerung der Nutzholzausbeute.

Übrigens ist die Schaftform auch auf den Wert des Beugholzanfalls von großem Einfluß. Dies denke ich an der Hand meiner 12jährigen Statistik über den Gesamtanfall von rund 115000 rm Beugholz (wovon 49 % buchenes Klozholz), welche ich im hiesigen Forst seit 1892/93 im Aufstreich verkaufte, und die Erlöse für dasselbe nachzuweisen, sobald ich etwas Zeit dazu finde. Hier seien wenigstens diejenigen der 3 Jahre 1901/03 und zwar für sämtliches (Rot-) Buchenderbholz mitgeteilt, das im Adelberger Staatswald anfiel.

Stammholz 1427,4 fm ohne Rinde; Erlös 28427 Mk. = 19,9 Mk. vom fm, bezw. 18,1 Mk., wenn man richtigerweise den Rindenzuschlag in Rechnung nimmt. Nach Abzug von 1,4 Mk. Hauerlohn für 1 fm ohne Rinde = 1,27 Mk. vom fm mit Rinde bleiben durchschnittlich 16,8 Mk. erntekostenfreier Erlös für 1 fm Rotbuchenstammholz. Beugholz (= Schichtderbholz) fiel im gleichen 3jährigen Zeitraum an:

Übersicht 30.

Buchen-	rm	= %	Durchschnittserlös Mk.
Spälter normal und Ausschuß	537	3,6	13,25
Rugel " " "	264	1,8	10,20
Scheiter	2847	19,4	10,06
Prügel	340	2,3	8,78
Klozholz	8613	58,6	8,28
Anbruch	2097	14,3	5,65
Anfall 1901/03 im Forst Adelberg	14698 rm	100 %	8,48 Mk.
hiervon ab Hauerlohn für 1 rm =			1,40 "
bleiben für 1 rm			7,08 Mk.
oder für 1 fm erntekostenfrei			10,1 "

= 60,2 %, rund 3/5 des Stammholzwertes.

Nebige, 1892 von mir eingeführte Schichtderbholzeinteilung (bis dahin wurden rund $^3/_4$ des ganzen Anfalls als „Anbruchholz" sortiert und verkauft) blieb in der ganzen Zeit von 12 Jahren gleich, nur mit dem kleinen Unterschied, daß seit 3 Jahren die Rugel dazu kamen = glatte gerade Rundstücke mit über 14 cm am dünnen Ende; die Prügel, Scheiter und Spälter sind ebenfalls glatt und gerade, und zwar die Prügel Rundholz mit 7—14 cm, die Scheiter gespalten mit über 14 cm und die Spälter tunlich so stark, als man sie noch tragen kann. Anbruch besteht nur aus kranken, faulen, dürren und abgebrochenen Stücken. Alles andere Brugholz mit über und unter 14 cm, also in der Hauptsache raues aber durchweg gesundes Holz heißt Klozholz.

Würde es gelingen, durch bessere Bestandeserziehung die Hälfte des Klozholzes wegzubringen und statt dessen Scheiter zu erzielen, so bedeutet dies bei gleichen Preisen einen Mehrerlös von 1,5 Mk. vom fm.

Das Nutzholzprozent berechnet sich folgendermaßen:

Buchenstammholz 1901/03	1427,4 fm
hierzu 10 % Rinde = ...	142,7 „
	1570,1 fm
14698 rm × 0,7 = ...	10288,6 „
	11858,7 fm,

somit 18,0 % Nutzholz, da die 537 rm Spälter und 264 rm Rugel, zusammen 801 rm = 560,7 fm, auch Nutzholz sind.

Der Gesamterlös für Buchenderbholz berechnet sich demnach für 1901/03 auf 10,9 Mk. erntekostenfrei.

Gelänge es nun außerdem, vom Anbruchholz die Hälfte in Wegfall zu bringen und es zu verwerten, solange es Scheiterholz liefert, ferner statt 18 % Nutzholz deren 40 zu erzielen, so würde sich bei den nämlichen Preisen, wie den mitgeteilten, eine Steigerung des Gesamtdurchschnittserlöses von 10,88 auf 13,48 Mk. für 1 fm (erntekostenfrei) ergeben, also 24 % mehr. Das und vielleicht eine Steigerung um 35—40, ja 50 statt 24 % infolge erhöhter Nutzholzpreise für bessere Schaftausformung liegt durchaus im Bereich der Möglichkeit, ja sogar Wahrscheinlichkeit. Bei einer Steigerung um 50 % des bisherigen Gesamtdurchschnittserlöses käme derselbe auf 16,3 Mk. erntekostenfrei. Eines allerdings ist dazu unerläßlich: die guten und besten Schaftformen sind schon jetzt in jüngeren Beständen in hinreichender Zahl unter den anderen verteilt; aber man muß ein Auge für sie haben oder bekommen und zur rechten Zeit ihnen beispringen. Nicht bloß höhere Erlöse für die Masseneinheit, sondern auch größere Holzvorräte bei gleichem Bestandesalter folgen dann von selbst.

Anläßlich der 19. Versammlung des Württemb. Forstvereins[1]) in der alten Reichsstadt Reutlingen im Sommer 1903 wurden im Forst Lichtenstein u. a. ausgedehnte ältere Buchenstangenhölzer auf teilweise recht günstigem Standort besichtigt. Die Schwäbische Alb ist ja einstweilen noch ein Hauptverbreitungsgebiet der Buche. Dabei drängte sich die große Stammzahl, dementsprechend geringer Durchmesser und das sehr starke Überwiegen schlechter Schaftformen, namentlich auch Stockausschläge, dem Auge besonders auf und anschließend daran der Gedanke: was für prächtige Buchenbestände könnten hier stehen, wenn sie vor Jahrzehnten richtig behandelt worden wären. Einige größere Lichtungsflächen zeigten sehr erfreuliche Ausnahmen von diesen Bildern und bis zu 11 fm = 6,7 % Durchschnittszuwachs bei kräftiger Lichtung. Im allgemeinen war es aber gerade für diese Albwaldungen mit zudem sehr niedrigen Holzpreisen kein Wunder, daß sie bei einer vergleichenden Berechnung gegenüber der dort noch seltenen und deshalb um so besser bezahlten massenreichen Fichte besonders schlecht abschnitten.

Von den beiden im Forst Lichtenstein vorgezeigten Buchenlichtungsflächen waren bei Ermittlung der Holzmengen nach den bayerischen Massentafeln die Verhältnisse, soweit zu erfahren, folgende (auf 1,0 ha):

Nr.	Alter	Stammzahl unmittelbar vor dem Hieb	Stammzahl unmittelbar nach dem Hieb	Derbholz unmittelbar vor dem Hieb fm	Derbholz unmittelbar nach dem Hieb fm	Aushieb fm	Jährl. Durchschnittszuwachs fm	Jährl. Durchschnittszuwachs %	Vorrat 1903
1	75	881	707	336	292	44	8,5	2,9	—
2	68	—	560	—	169	—	11,1	6,7	225

[1]) Vergl. den Bericht S. 34, ferner S. 32, 33 und 8.

Einzelne dieser Zahlen haben Ähnlichkeit mit den Adelberger Rauwieslesflächen, z. B. der jährliche Zuwachs von Nr. 1 mit Rauwiesle U, von 2 mit O. Und doch sind die tatsächlichen Bestandesbilder einer Vergleichung kaum fähig; wieder einmal ein Beleg dafür, daß Zahlen zuweilen auch nicht beweisen. Das Zuwachsprozent von 6,7 ist ein recht hohes; bei der äußerst geringen Derbholzmasse von 169 fm nach dem Lichtungshieb ist aber der Erfolg kein ausreichender mehr, er geht auf Kosten von Gesamtmasse und -Wert und man darf sich durch derartige Verhältniszahlen nicht blenden lassen. Bei Fläche 1 mit 1,7fachem Holzvorrat ist das Zuwachsprozent 2,9 schon ein ziemlich mäßiges und nur $^2/_5$ von 6,7 trotz des Lichtungshiebs.

Deshalb betonte ich bei den Verhandlungen, daß die betrachteten sehenswerten Lichtungshiebe in 70—75jährigen Buchenbeständen wesentlich zu spät eingelegt seien und (mit Hinweisung auf die Altbuchen des Schurwaldes und ihren mächtigen Zuwachs) schon vor 20 und mehr Jahren hätte eingegriffen werden müssen; ferner, daß namentlich von dem hohen Zuwachs der besten Schaftformen ganz andere Waldverhältnisse zu erwarten wären.

Wenn im vorstehenden hauptsächlich in Rücksicht auf die Adelberger Buchenversuchsflächen vor allem die Rotbuche den Betrachtungen zugrunde gelegt wurde, so treffen die Folgerungen für die übrigen Laubhölzer wohl noch viel stärker zu. Es sind ja ganz erstaunliche Preise, die für wirklich schöne Stämme von Eiche, Hainbuche, Esche, Ahorn und gar Erle schon von 40—59 cm Stärke bezahlt werden. Hoher Nutzholzanteil und rasche Steigerung des Einheitspreises bei zunehmendem Durchmesser, am meisten bei der Erle, bedingen erheblich günstigere Einträglichkeit, als bei der Rotbuche, an deren Nutzholzeigenschaften so hohe Anforderungen gestellt werden, wie an keine andere Holzart.

Für sämtliche Laubhölzer ergibt sich als wichtigste Forderung: beschleunigte Steigerung des Dickenwachstums unter sorgfältiger Auswahl und Pflege der Schaftform. Das ist aber nur möglich durch Eingriffe in den Hauptbestand zugunsten der wuchskräftigsten und schönsten Stämme von genügender Anzahl und dafür Schonung des dieselben fördernden Teils vom Nebenbestand, also durch Freie Durchforstung, oder wer lieber so sagt: Hochdurchforstung.

Dieselben Maßregeln, welche bei den Laubhölzern das Dickenwachstum besonders fördern, nicht ohne vermutlich den Höhenwuchs etwas zu vernachlässigen, bedingen bei den Nadelhölzern unter entsprechender Beschränkung der hierbei beteiligten Stammzahl einen nicht minder wichtigen Erfolg: neben der ebenfalls eintretenden Steigerung des Durchmessers erhebliche Mehrung der Sturmfestigkeit. Kräftige, aber keineswegs übermäßige Kronen haben mit innerer Notwendigkeit starke Wurzelbildung, also bessere Verankerung zur Folge. Sind genug derartige Stämme tunlich gleichmäßig über den Bestand verteilt, so ist derselbe ganz anders gegen Sturm gesichert, als in zeitlebens gleichmäßig gedrängtem Schluß. Auch Durchbrechung eines guten Traufs hat dann nicht mehr die bisherigen schlimmen Folgen, und man ist weniger auf die unbequemen und bisher meistens auf eine Seite, die der Hauptwindrichtung (bei uns NW—SW) beschränkten, aber gegen Oststurm unnützen Loshiebe angewiesen. Die windfesteren Stämme bringen sodann, wie gesagt, gleichzeitig gesteigerten Zuwachs mit sich. Es ist daher wahrscheinlich, daß die Mehrzahl derselben mit der Zeit in die I. Kraftsche Stammklasse hineinwächst.

Die beiden vom Sturm weniger bedrohten Nadelhölzer, welche den Übergang zum Laubholz vermitteln, Kiefer und Lärche, bilden auch hinsichtlich ihrer oft so wechselnden Schaftform die Brücke, wie darin, daß bei diesen ausgesprochenen Lichthölzern vermehrter Stärkezuwachs zugleich erheblichen Wertzuwachs zur Folge hat.

Der entschiedenen Begünstigung langer Stämme und schon Stangen bei Fichte und Tanne im Handel kann dadurch entsprochen werden, daß der Füllbestand zwischen den sturmbrechenden Bäumen etwas dichter gehalten wird, so daß sich dort die Stämme in die Höhe treiben, wie man wenigstens bisher annahm.[1]) Solange übrigens das lästige und die tatsächlichen Verhältnisse verschleiernde, vom Handel ohnedies ungern gesehene Draufholz in vereinzelten Bundesstaaten noch besteht, kommt die andererseits begehrte Länge oder vielleicht besser Schlankheit des Nadelbauholzes nicht einmal recht zum Ausdruck. Dies würde bei derjenigen Sortierung für Nadelstammholz vermieden, die auf Seite 82 der „Deutschen Reisebilder"

[1]) Vergl. dagegen S. 113, aber auch S. 42 oben.

(Allg. Forst- und Jagdzeitung 1902) vorgeschlagen ist. Bis zu deren Einführung mag freilich noch mancher Holländerstamm den Rhein hinunter schwimmen. Aber auch 18 oder 22, statt 20 m als Längengrenze der beiden Hauptklassen und eine Abstufung von 10 zu 10 cm Mittendurchmesser wäre annehmbar, überhaupt noch die oder jene, irgendwie einen Fortschritt darstellende Beseitigung des so hinderlichen und verwirrenden Draufholzes.

Der durchschlagende Grund, weshalb die Nadelstammholzkäufer recht langes Holz mit kräftigem „Ablaß“ wünschen, ist ja keineswegs der, daß sie solches in ganzer Länge verwenden. Vollständige Langholzstämme (Standbäume) bei Aufrüstung bedeutender Bauten sieht man selten mehr. Das Bestreben geht vielmehr dahin, möglichst viele Sägklöze vom dicken Ende her abzuschneiden und nur den schwächeren Rest als mäßig starkes Bauholz zu verwenden. Wozu dann aber noch die Behelligung mit dem Draufholz, womit sich nur noch der rheinische Holzhandel plagt, das jedoch im übrigen Deutschland und anderwärts keinen Anklang findet? Vergl. auch: „Die Aufstellung gleicher Holztaxklassen für ganz Deutschland 2c.“ von Herrn Forstmeister Hoffmann; Allg. Forst- und Jagdzeitung 1903, S. 179—196. Ferner: Michaelis, „Einiges zu unserer Nutzholzaushaltung und -Verwertung“; Mündener Forstliche Hefte 16, S. 98—133 von 1900.

Der rote Faden, der sich durch alle unsere Betrachtungen hindurchzieht, ist: Dauernde Förderung der schönsten, leistungsfähigsten Stämme ohne Erhöhung der Umtriebszeit. Das wird der denkbar schärfste Gegensatz zur Plenterdurchforstung sein, welche die Henne mit den goldenen Eiern vorzeitig schlachtet. Soll Stärke- und Wertzuwachs kurz gesagt der I/IIIα-Bäume aufs äußerste ausgenützt werden, so ist es doch schlechtweg die Verneinung dieses Zieles, einfach immer wieder die dicksten Stämme auszurotten. Das wird nun auch allgemein verurteilt, obgleich niemand ein unvergängliches Verdienst des Urhebers der Plenterdurchforstung schmälern will. Herr Professor Dr. Wimmenauer drückt dies in der ihm eigenen knappen, treffenden Weise a. a. O. S. 20 folgendermaßen aus: „Wenn sich keine häßlichen Vorwüchse mehr finden und man nur dem Dogma zu Liebe schöne starke Stämme wegnehmen muß, so richtet das Verfahren sich selbst.“

Nach einem Schüler Borggreves, Herrn Forstmeister Michaelis, verhalten sich beim Stammholz, astrein und ästig je für sich, näherungsweise die Einheitswerte wie die Durchmesser, die Inhalte wie die Quadrate und die Gesamtwerte zweier Stämme wie die Würfel der Durchmesser. Daraus kann wiederum doch gewiß nur der Schluß gezogen werden, die besten Stämme zu pflegen, statt umzubringen.

Von dem wohl auch Früchte tragenden, aber noch viel mehr Zuwachs anlegenden I/IIα-Stamm mindestens sagt die Freie Durchforstung also keineswegs: „haue ihn ab; was hindert er das Land?" sondern im Gegenteil: „wer da hat, dem wird gegeben, auf daß er die Fülle habe". Dies geht u. a. deutlich aus Übersicht 11—13, S 24, hervor, wo die stärksten und besten Stämme auch den größten und wertvollsten Zuwachs besitzen.

Herr Oberforstmeister Dr. Borggreve überschätzt in der Begründung seiner Plenterdurchforstung[1]) augenscheinlich 1. den Einfluß der „Umlichtung der herrschenden Stämme auf die Steigerung der Fruktifikation" statt des Zuwachses, 2. die „überraschende Wirkung" der Freistellung auf die „bisher leicht beherrschten Stämme" hinsichtlich ihres Massenzuwachses. Er sagt wohl S. 187: „Wir müssen mit den vorhandenen älteren Baumindividuen so lange hauszuhalten suchen, wie dies irgend möglich ist." Die unmittelbare Fortsetzung lautet aber: „— d. h. also bis wir eben keine beherrschten Stämme mehr haben, die sich in dieser Richtung (Holzzuwachs) poussieren lassen". Also doch: Beseitigung eigentlich des ganzen (Kraftschen) Hauptbestandes! Daß die Plenterdurchforstung trotz allem „Haushalten" so gemeint ist, geht deutlich auch aus der S. 5 mitgeteilten Borggreveschen Äußerung von 1903 hervor.

Die Hinweisung auf die leistungsfähigsten Stämme des Bestandes führt von selbst auf einen neuerdings hart umstrittenen Punkt: die Klasseneinteilung der Bestandesglieder. Es fragt sich, welche Stellung die Freie Durchforstung hierzu nimmt.

Bei der „IV. Versammlung des Internationalen Verbandes forstlicher Versuchsanstalten zu Mariabrunn" vom 30. August bis 5. September 1903[2]) traten denkbar große Gegensätze in den Anschauungen über besonders wichtige Punkte zutage, sowohl hin-

[1]) Die deutsche Holzzucht S. 186.

[2]) Vergl. den eingehenden Bericht hierüber S. 419—439 des Österreich. Zentralblatts für das gesamte Forstwesen, Jahrgang 1903.

sichtlich der Klasseneinteilung, als der Durchforstungsgrade, die unmittelbar damit zusammenhängen. S. 308 der Allg. Forst- und Jagdzeitung von 1902 hob ich das Mißliche hervor, daß im Hinblick auf den neuen Arbeitsplan der Deutschen Forstlichen Versuchsanstalten künftig zwischen dem alten und dem neuen B- und C-Grad für die bestehenden Versuchsflächen unterschieden werden müsse, um sich zu verständigen. Es ist nicht zu verwundern, wenn in Mariabrunn 1903 von seiten einer Versuchsanstalt (der württembergischen) der Antrag gestellt wurde, die alten 3 Durchforstungsgrade A, B und C zu belassen und den neuen „C"-Grad als „D" hinzuzufügen. Dies scheint vielmehr logisch ganz richtig. Den Gefühlen für die neuen fruchtbringenden Richtungen in der Durchforstungslehre kann beim D- und insbesondere E-Grad freiester Lauf gelassen werden. Damit, daß auch die Schweiz ihre Sonderstellung hinsichtlich der Klasseneinteilung und Durchforstungsgrade bisher und künftig einnimmt, ist Uneinigkeit beibehalten, statt Einheit erzielt worden.

Die verschiedene Auffassung der Durchforstungsgrade ist natürlich nur eine Folge der verschiedenen Klasseneinteilung. Diejenige der schweizerischen Anstalt lehnt sich noch so ziemlich an Kraft an, ohne jedoch besseres zu bieten. Im Gegenteil, sie entbehrt großer Vorzüge der Kraftschen Klassen. Nicht glücklicher erscheint das Unternehmen des Vereins der deutschen Forstlichen Versuchsanstalten, die Kraftschen Klassen ganz beiseite zu schieben. Es kommt zwar fast aufs gleiche hinaus, wenn man sagt: I. Herrschende Stämme, II. Beherrschte Stämme, oder nach Kraft unterscheidet Hauptbestand und Nebenbestand. Der Versuch, statt dessen zu unterscheiden: bleibender und ausscheidender Bestand ging glücklicherweise nicht durch. Der Begriff des „ausscheidenden Bestandes" ist nicht bloß sehr wandelbar, sondern gerade das, um was sich der Streit der Meinungen dreht. Dem gegenüber ist der Hauptbestand Krafts eine fest umschriebene, zu gegebener Zeit unveränderliche Größe, die sich nur alle paar Jahre ein wenig verschiebt. Ich möchte die Grenzlinie zwischen dem Kraftschen Haupt- und Nebenbestand mit dem Ariadnefaden vergleichen, welcher aus den Widergängen der sich bekämpfenden Meinungen immer von Neuem dahin weist, wo die Werts- und Massenmehrung in den Hintergrund tritt, dagegen die ebenso wichtige Boden- und Bestandespflege ihren Anfang nimmt.

Die ganze Masse der „herrschenden" Stämme, welche doch 8—9 Zehntel der Grundfläche einnehmen und etwa $^9/_{10}$ des Zuwachses erzeugen, ohne weitere feste Gliederung den „beherrschten" Stämmen gegenüber zu stellen, ist entschieden einseitig. Als solche Gliederung kann es noch nicht angesehen werden, wenn im Arbeitsplan nun unterschieden wird: „I. Herrschende Bäume; 1. Stämme mit normaler Kronenentwicklung und guter Stammform, 2. Stämme mit abnormer Kronenentwicklung oder schlechter Stammform". Ganz abgesehen davon, daß hierbei unter 4 Möglichkeiten nur 2 hervorgehoben werden, ist die Schaftform (oder Stammform) eine Sache für sich und durch meine Schaftformklassen geregelt. Beide in der Klasseneinteilung unterschiedslos zu vermengen, überläßt die Zuteilung zu I1 oder I2 dem wechselvollen „Zufall". Die Bezeichnungen des Arbeitsplans kl. vo, zw, pt, kr sind wiederum eine Vermischung von Klasseneinteilung und Schaftform, die den Bezeichnungen IVb, Iε, δ, η, also ohnedies nur einem Teil der Möglichkeiten, ziemlich genau entsprechen.

Es ist nirgends erwiesen, daß die Kraftschen Klassen I und III, die doch je ungefähr $^1/_6$, zusammen $^1/_3$ der ganzen Grundfläche einnehmen und in jedem Bestand sehr ausgeprägt vorkommen, auch $^1/_5$—$^1/_3$ des Zuwachses hervorbringen, jemals entbehrlich wären. Dies zeigt mit besonderer Deutlichkeit ein Blick in die Übersicht 11/12, Seite 24/25, über den Durchmesserzuwachs.

Kurz und gut, ich bleibe bei der schon im September 1902[1]) ausgesprochenen Überzeugung, daß die Kraftschen Stammklassen bei weitem das Bessere sind und durch keine anderen ersetzt werden können. Nicht einmal eine Zusammenlegung der Kraftschen Klassen IVa und IVb würde sich meines Erachtens empfehlen, von Va und Vb noch viel weniger. Wer aber auch die Stammform ins Auge fassen will, dem stehen die Schaftformklassen α—η zu Gebot. Die Bezeichnung zw ersetzt γ, δ, ε nicht und kr ist $= \eta$, nur mit dem Unterschied, daß man zu kr 2 Buchstaben braucht und eine gewisse Abneigung gegen die Schaftformklassen

[1]) Allgemeine Forst- und Jagdzeitung S. 308.

darin zu wittern ist. Was liegt freilich daran? es sei so oder so! Wenn nur die Lehre von den Durchforstungen und deren Betrieb kräftig gefördert wird!

Bei der Abstimmung in Mariabrunn über die Annahme des neuen Arbeitsplanes des Vereins der deutschen Versuchsanstalten waren zwar 17 Stimmen dafür, aber 6 dagegen und 7 Stimmenthaltungen, zusammen 13 nicht.

Die Forstwirtschaft und die Freie Durchforstung werden ihren Weg ruhig weiter gehen und sich durch Arbeitspläne und Kronenklasseneinteilung nicht zu sehr anfechten lassen. Aber eines wird und kann nicht verschwinden: die geschichtlich wichtige, für die Wirtschaft und gerade auch für den Versuch unentbehrliche, von Kraft in unvergänglicher Weise festgelegte Unterscheidung in Haupt- und Nebenbestand.

Die Wirtschaft muß sich stets bewußt bleiben, daß ein Eingriff in den Hauptbestand nur durch handgreiflich große Vorteile von der Durchforstung gerechtfertigt werden kann. Dann bleibt sie auch vor Abwegen bewahrt, wie solche die Plenterdurchforstung nach jetzt fast allgemein anerkannter Überzeugung führen will und gegen welche die ebenfalls geschichtlich festgelegte und sachlich wohlbegründete Unterscheidung von Hauptnutzung und Vornutzung oder, viel besser ausgedrückt, Haubarkeits- und Zwischennutzung ein treffliches Bollwerk ist. Das anerkennt Herr Oberforstmeister Dr. Borggreve selbst in rühmlicher Offenheit, indem er 1903 S. 346 der Zeitschrift für Forst- und Jagdwesen sagt: „Für die schnellere Ausbreitung der Plenterdurchforstung ist die Sonderung von Haupt- und Vornutzung sehr hinderlich.“ Ferner S. 354 daselbst: Diese Trennung „ist praktisch und faktisch das schwerste Hindernis für die tatsächliche Einführung der Plenterdurchforstnng.“ Er schlägt deshalb S. 349 vor, „alle Durchforstungen in mehr als etwa 50jährigen Beständen als Hauptnutzung zu verrechnen.“

Die Freie Durchforstung muß es dem gegenüber mit der wichtigen Folgerung Herrn Oberforstmeister von Bornstedts in seinem trefflichen Aufsatz[1]) über „die Trennung von Haupt- und Vornutzung“ halten, in dem man fast jedes Wort unterschreiben möchte, „daß vom Standpunkt des praktischen Bedürfnisses aus, nach Lage

[1]) Zeitschrift für Forst- und Jagdwesen 1903, S. 66—85.

der heutigen Verhältnisse, die Aufhebung der freien Beweglichkeit des Vornutzungssatzes nicht empfehlenswert ist". Man vergleiche im übrigen: Allgem. Forst- und Jagdzeitung 1902 S. 302—303.

Auf die Frage: Wie oft soll die Freie Durchforstung wiederholt werden? kann es nur eine einzige Antwort geben, die der „freien", d. h. von jeder Schablone losgelösten, Durchforstung angemessen ist, nämlich: so oft es der einzelne Bestand nach seinen besonderen Verhältnissen wünschenswert erscheinen läßt. Wann dies der Fall ist, kann man allerdings sehr verschieden beurteilen und die Antwort hängt vor allem davon ab, welche Aufgaben und Leistungen der Durchforstung angesonnen werden. Auch kommt es sehr in Betracht, ob die vorausgegangenen Reinigungshiebe richtig vorgearbeitet haben, welche auf die Zusammensetzung der Bestände nach Holzart und Schaftform lange schon von allergrößtem Einfluß sind, ehe von einem Nebenbestand allgemein die Rede sein kann. Vollends bei gemischten Beständen, die doch immer mehr die Regel bilden sollen, kommt es viel zu sehr auf deren Geschichte und Zwecke an, als daß nicht für jeden einzelnen Bestand, sagen wir jede Unterabteilung, besonders darüber entschieden werden müßte, wann sie von Fall zu Fall zu durchforsten ist.

Verlangt man von einer Durchforstung nur, daß sie dann eintreten solle, wenn sie „notwendig" sei, infolge Überhandnehmens unterdrückter Stämme, so genügt bei älteren Beständen ein Zeitraum von 10 Jahren, namentlich wenn letztmals kräftig eingegriffen wurde. Noch wichtiger als der „Grad" der Durchforstung (schwach, mäßig, kräftig, stark) ist die Art ihres Eingriffs in den herrschenden Bestand, der ja heute innerhalb mäßigen wohlerwogenen Rahmens, trotz da und dort noch entgegenstehender Vorschriften, als ganz selbstverständlich betrachtet wird. Soll eine gewisse Zahl und Art von Stämmen durch Kronenfreihieb und Gruppenauflösung auf Zuwachs „gekitzelt" werden (Michaelis), wollen überhaupt Erziehungszwecke für den ganzen Hauptbestand oder Teile desselben verfolgt werden, und dies muß in Zukunft stets so sein, so tut man am besten daran, die Wirkung der letzten Durchforstung abzuwarten, zu beobachten und alles Weitere sich vorzubehalten.

Allgemein zu sagen: wir müssen alle 5 oder 10 Jahre durchforsten, ist entschieden unrichtig, selbst bei reinen Beständen. Die

Sächsische Anweisung betr. Durchforstungen[1]) vom 4. Juni 1898 besagt in § 7 Nr. 1 ihres Nachtrags: „Die Durchforstungen sind im allgemeinen in solcher Stärke auszuführen, daß eine Wiederholung innerhalb des laufenden Jahrzehnts nicht nötig wird.“ Wenn nun auch Ausnahmen hiervon eingeräumt werden, so geht diese Regel doch wohl ein wenig zu weit. Wenn gleich das „früh oft und mäßig“ teilweise etwas abgelagert ist, so schlägt die sächsische Regel doch fast ins Gegenteil um. Dieselbe scheint sich indes auch anderwärts, wenigstens tatsächlich, eingebürgert zu haben.

Die noch nicht aufgehobenen Wirtschaftsregeln von 1862 bis 1865 für die württembergischen Staatswaldungen drücken sich z. T. zurückhaltend und für verschiedene Landesteile etwas abweichend aus. 1862 für die oberschwäbischen Forsten: Die Durchforstungen müssen sich häufiger, jedenfalls alle 10 Jahre wiederholen. 1863 für den Schurwald, Ellwanger Wald, Haller Gegend: In Buchenbeständen sind frühzeitige und oft wiederkehrende Durchforstungen ganz angemessen, weil durch häufige Zwischennutzungen der Zuwachs außerordentlich befördert werden kann. 1863 für den Schwarzwald: Die Durchforstungen sollen beginnen, bezw. wiederholt werden, sobald und so oft sich ein Nebenbestand gebildet hat. (Daraus könnte man fast schließen, daß der ganze oder nahezu ganze Nebenbestand herausgenommen werden müßte.) 1864 für die Alb: In der Jugend vorsichtig und schwach und erst mit steigendem Alter stärker. 1865 für das Unterland: Frühzeitig beginnen, anfangs leicht zu führen und recht oft zu wiederholen. Eichen immer wieder freihauen, so oft sie durch die Buchen gedrängt werden.

Trotzdem breitete sich stillschweigend in Württemberg die Ansicht weithin aus, daß es genügt, alle 10 Jahre, d. h. eben einmal während der Geltung des laufenden Wirtschaftsplans, zu durchforsten. Auch ich wurde einst derart unterwiesen und hielt solche Meinung früher für richtig. Erst in neuester Zeit wurde diesem Grundsatz nicht mehr so allgemein nachgelebt; namentlich wüchsige Fichtenpflanzbestände werden nun da und dort mit einer 2. Durchforstung im Laufe eines Jahrzehnts bedacht, ohne daß dies gerade von 5 zu 5 Jahren der Fall sein müßte. Bis vor kurzem wurde oft nur in solchen Fällen zweimal

[1]) Tharander Jahrbuch 49. Band, 1899, S. 258.

durchforstet, wo man die Bestände wegen früheren Abtriebs „noch möglichst voran bringen" wollte. Darin liegt die, freilich nur halb bewußte, Anerkennung, daß solche Förderung auch bei anderen Beständen erzielt werden könnte.

Nach dem neuen Arbeitsplan der Versuchsanstalten § 15 „bedürfen die Versuchsflächen durchschnittlich alle 5 Jahre einer Neuaufnahme, auch wenn ein neuer Hieb nicht eingelegt werden sollte". Solcher wird allerdings in den meisten Fällen dabei stattfinden.

Herr Oberforstmeister Kraft sagt in seinem wichtigen Aufsatz „Zur Statik des Durchforstungs- und Lichtungsbetriebes", Allg. Forst- und Jagdzeitung 1896 S. 6: „Bei praktischen Ausführungen dürfte es sich empfehlen, die Durchforstungen tunlichst alle 5 Jahre zu wiederholen."

Als Regel für die Freie Durchforstung kann wohl die aufgestellt werden, daß die Bestände womöglich vor Ablauf eines Jahrzehnts seit der vorhergegangenen Durchforstung von neuem durchhauen werden sollten.

Zu häufiges Durchforsten kann auch seine Nachteile haben, besonders eine rasche, nutzlose Stammzahlverminderung im Nebenbestand. Werden vor allem die besten Stämme richtig behandelt, namentlich genügend, wenn auch vorsichtig freigehauen, so kommt es beim Füllbestand auf 1—2 Jahre hin oder her, früher oder später, für den Erfolg der Durchforstung nicht so sehr an. Es heißt bei den Durchforstungen glücklicherweise nicht: entweder so, oder so, sondern es führen mancherlei Wege zu guten Erfolgen, von welchen jeder etwas für sich hat.

Nicht einmal der Durchforstungsanfall spielt eine ausschlaggebende Rolle bezüglich des Wiederholungszeitraumes. Derselbe betrug auf den Rauwiesleversuchsflächen in 5 Jahren (1897/1902) für U 33,3 + 29,7 = 63,0 fm, für O 80,8 (Lichtwuchshieb) + 33,2 = 114,0 fm. Dennoch wird niemand die obere Versuchsfläche für verhauen erklären und die Durchforstung in O war durchaus zeit- und sachgemäß.

Etwa 100 m von den Rauwiesleflächen entfernt fielen in einem 0,3 ha großen Teil eines gerade so alten Buchenbestandes 1898 infolge Lichtwuchshiebes 56 fm Derbholz auf 1,0 ha an, obgleich ich den Nebenbestand zur Probe aufs äußerste geschont hatte. Seit 2 Jahren fanden die Leseholzsammler in demselben willkommene Beute. Heuer durchforstete ich den Bestand wieder, lediglich unter erneutem Freihieb der Stämme I/IIIα bei völliger Schonung des Nebenbestandes und fast gänzlicher Schonung des durch den Freihieb nicht betroffenen Teiles vom Hauptbestand. Der Derbholzanfall war dennoch 35 fm vom ha (6 Jahre nach dem letzten Hieb). Wegen Zeitmangels fand irgend eine Aufnahme dieser „fliegenden" Versuchsfläche nicht statt. Der Zuwachsbohrer kann dennoch s. Z. gute Auskunft geben, wie er überhaupt häufig und unter den verschiedensten Verhältnissen zu Rat gezogen werden sollte, um namentlich die Zuwachsleistungen der freigehauenen α-Stämme mit solchen von Nachbarstämmen vergleichen zu können. Freilich gehört auch dazu viel Zeit, die eben nur selten zur Verfügung steht. Voraussetzung muß dabei sein, daß zwar Stämme verschiedener Schaftform, aber je nur der nämlichen Altersstufen und Kraftschen Stammklassen verglichen werden.

Man kann von der Freien Durchforstung nach dem Früheren erwarten, daß sie, abgesehen vom Lichtwuchshieb etwa im 50. Jahr, nicht den ganzen Massenzuwachs seit der letzten Durchhauung, oder gar mehr, sondern nur den größeren Teil desselben, kaum den vollen Zuwachs an Kreisfläche herausnimmt bis zum Beginn des Verjüngungszeitraumes.[1]) Dies traf auch bei den Rauwiesleflächen zu, wo in U übrigens 75,0 und in O nur 61,1% des S. 52 berechneten Jahres-Zuwachses durch die Durchforstung von 1902 weggenommen wurden.

Eine Ertragstafel über den Holzanfall und Geldertrag der Freien Durchforstung aufzustellen, ist vorläufig unmöglich. Die „Freiheit" beruht auch darin, daß man selbst bei weitem nicht an bestimmte Tafelansätze gebunden ist, sondern von Fall zu Fall nach den waldbaulichen Zuständen und besonderen Zwecken im einzelnen entscheidet. Da mag dann an Holzmasse und Geldertrag herauskommen, was will. Eine Bindung des Durchforstungsanfalls an eine nicht bloß schwierig einzuschätzende, sondern überhaupt nicht be-

[1]) Herr Forstmeister Dr. Schwappach nimmt 1899 in seinem Aufsatz „Über den Einfluß verschiedener Durchforstungs- und Lichtungsgrade auf das Wachstum der Buchenbestände" (Zeitschrift für Forst- und Jagdwesen S. 427) an, daß „auf gutem Boden vom 70.—80. Jahre an alle 10 Jahre anstandslos und dauernd 80 fm Derbholz durch kräftigere, sich an der Grenze der Lichtungshiebe bewegende Durchforstungen" entnommen werden können.

friedigend im voraus bestimmbare Masse ist mit den Grundsätzen der „Freien" Durchforstung schlechterdings nicht vereinbar,[1]) weder für einzelne Bestände noch für ein ganzes Revier, um so viel weniger eine Verquickung mit dem Anfall an Haubarkeitsnutzung.

Der durchschnittliche jährliche Derbholzanfall von sämtlichen Durchforstungen jeden Alters und jeder Holzart ist im Forst Adelberg seit 12 Jahren 22—33, im Mittel 27,5 fm vom ha.

Herr Oberforstmeister Kraft stellte in dem S. 78 erwähnten Aufsatz einen einfachen „Rentabilitätsweiser" für Durchforstungen auf, der sich auf die Stammzahl der Bestände gründet. Er nimmt dort an, daß das Verhältnis $s_n : s_{n+\frac{10}{5}}$, d. h. der Stammzahl im Jahr n zu der im Jahr n + 10 oder n + 5, um nicht mehr als einige Zehntel hinter dem verlangten Wirtschaftsprozent zurückbleiben darf, damit die Wirtschaft im Gleichgewichtszustand bleibt. Für $p = 2{,}5$ und $n = 10$ ist $s_n : s_{n+10} = 1{,}023^{10} = 1{,}255$; bei $p = 3$ aber 1,318; ferner bei $p = 3$, also einem Massenzuwachs (nach Kraft) von 2,8 und $n = 5$ ist $s_n : s_{n+5} = 1{,}148$.

Die Rauwieslesflächen, die 1889, 1897 und 1902 durchforstet wurden, ergaben für $s_n : s_{n+x}$

	in U:	in O:
1897	$\frac{1978}{1285} = 1{,}538$	$\frac{1518}{1008} = 1{,}504$,
1902	$\frac{1285}{983} = 1{,}309$	$\frac{1008}{792} = 1{,}272$.

Für die Holzmassen berechnet sich aber nach S. 49 das Verhältnis:

1902 . . .	$\frac{270{,}0 + 29{,}7}{230{,}4} = 1{,}299$	$\frac{249{,}8 + 33{,}2}{195{,}5} = 1{,}448$.

Legt man die für 1902 mit den baierischen Massentafeln gefundenen Beträge zugrund, so findet sich 1,300 und 1,400.

Die Ähnlichkeit dieser Zahlen läßt die großen Gegensätze in der Durchforstung der beiden Flächen nicht ahnen.

Für die Eschenfläche ist das Stammzahlverhältnis vor und nach der Durchforstung von $1899 = \frac{758}{593} = 1{,}279$.

Wie verhält sich die freie Durchforstung zum großen Betrieb der Forstwirtschaft?

[1]) Vergl. Allgem. Forst- und Jagdzeitung 1902 S. 300, 301.

Wie wir sahen, ist die Erziehung besonders zuwachskräftiger und gleichzeitig schöner Stämme, d. h. Schäfte, in genügender Anzahl und guter Verteilung ohne Erhöhung einer an sich mäßigen Umtriebszeit, von der Wiege bis zum Grabe der Bestände das A und das O Freier Wirtschaft, wie man es allgemein ausdrücken kann. Die Freie Durchforstung ist nur ein Teil der Freien Wirtschaft, allerdings ein besonders wichtiger. Sie will, kurz gesagt, möglichst starke Beteiligung der Schaftformklassen I/IIIα am Bestand. Ist das erreichbar, auf welchem Weg und in welchem Umfang?

Dieses Ziel ist unbedingt zu erlangen, wenn es rechtzeitig ins Auge gefaßt wird. Ein mangelhaft begründeter oder schlecht gereinigter Wald, namentlich aus Laubholz, kann vom Zeitpunkt der Durchforstungen an auch durch noch so viel Mühe nur noch in leidlichen Zustand gebracht werden und bloß in langen Zeiträumen. Viele Jugendsünden an den Beständen lassen sich später überhaupt nicht mehr gut machen.

Woher kommt es, daß vielleicht die Mehrzahl besonders unserer Lichthölzer in einer vom Stangenholzalter an nicht mehr zu bessernden Weise von der geraden, schönen, senkrechten Schaftform abweicht? Bei der Lärche und Kiefer, aber auch bei anderen Holzarten ist es vielfach die Wirkung des Schnees, der die Schäfte, zuweilen wiederholt, von der Senkrechten abdrängt. Die ganz umgebogenen Stämmchen fallen beim nächsten Reinigungshieb, die mäßig geschobenen bleiben dann gar oft unbeachtet. Mangelhafte Läuterungen sind daher ein weiterer und vielleicht der häufigere Grund, manchmal überhandnehmender, ungünstiger Schaftform.

Wird bei Reinigungshieben in Jungwüchsen, die doch nachgerade überall stattfinden, der Freihieb der zu begünstigenden Lichthölzer, z. B. Eichen in Buchendickung, nicht ringsherum genügend, sondern vielleicht nur einseitig vollzogen, so findet folgendes statt: Die Erhaltung des Lichtholzes am Leben ist zwar gesichert, sein Gipfel wendet sich aber seitlich dem Lichte zu; ist der durch einseitigen Freihieb geschaffte Raum von diesem Gipfel voll erreicht, so wächst letzterer von da an wieder in naturgemäßer senkrechter Richtung in die Höhe. Nach wenigen Jahren, bis zum nächsten Reinigungshieb schon, ist der Schaft dann meistens so erstarkt, daß bei vielen der letztmals vermeintlich „begünstigten“ Eichen ꝛc. gerade, senkrechte Schaftstellung nur noch durch gewaltsames Stützen mit einschränkenden Kosten erzielt werden kann, falls es sich überhaupt noch lohnt.

Also schon im Dickungsalter ist die Beachtung, Berücksichtigung und Pflege der Schaftform von entscheidendster Wichtigkeit. Im Schurwald befinden sich gleichaltrige ausgedehnte Jungwüchse von Kiefer und Fichte in reihenweiser Mischung. Fast sämtliche Kiefern sind stark vorwüchsig und die Mehrzahl derselben in der Schaftform von dem selten körnig, meistens naß fallenden Schnee beschädigt; ähnlich Lärchen in Buchen, bei welchen noch der so häufige Krebs dazu kommt. Da heißt es kräftig und doch mit Vorsicht dreinfahren. Der Reinigungshieb ist eigentlich nichts anderes, als eine Freie Durchforstung in Beständen, in welchen noch kein Nebenbestand deutlich ausgeschieden ist.

Es kommt daher auf die einfache 1. Regel hinaus, daß man schon in früher Jugend des Waldes den Blick für schöne Schaftform sich aneignen und üben, dann aber insbesondere darnach handeln muß. Wert hat ja nur, was zur Tat wird. Bei dem großen Stammzahlreichtum in diesem Alter reicht die Herausnahme der vielen schlechten Schaftformen (sperrige Vorwüchse, Zwiesel, Stockausschläge, Schneedruckstämme usf.) an die Begünstigung zahlreicher besserer Stämme noch einigermaßen in ihrer Bedeutung heran. Welche davon einst die besten sein werden, ist noch nicht deutlich ausgeprägt, namentlich beim Laubholz, am wenigsten bei der Buche.

Später wendet sich das Blatt und die 2. Regel, für den ganzen Durchforstungszeitraum, lautet ausnahmslos: vor allem unbedingte Begünstigung der besten Stämme, erst in 2. Linie, soweit dann noch möglich, Beseitigung schlechter Schaftformen, wo immer noch solche vorhanden sind. Die Meinung, es sei wichtiger, in Durchforstungen zuerst die schlechten Schaftformen und die Peitscher zu entfernen, möchte ich gewissermaßen einer Kinderkrankheit in der Entwickelung der Durchforstungslehre vergleichen. Viele redlich bemühte Wirtschafter werden diese „Krankheit“ durchmachen, nachdem oder seit sie überhaupt den Blick für die Schaftform sich aneigneten. Die Mehrzahl wird aber bald merken, wohin man mit solcher Meinung kommt oder vielmehr, wie weit man hinter den wichtigsten Zielen der Durchforstung damit nachhinkt. Es bleibt dabei: beim Auszeichnen der Durchforstungen muß immer wieder von den vorsichtig freizuhauenden besten Stämme strahlenförmig fortgearbeitet werden, um nach deren Begünstigung die Abkömmlichkeit der anderen richtig zu beurteilen.

Am 10. Mai 1904 hatte ich zum erstenmal Gelegenheit, einen Teil der von Herrn Forstmeister Moosmayer in Winzingen (25 km östlich von Adelberg) am Anstieg der schwäbischen Alb seit 37 Jahren bewirtschafteten, meistens auf braunem Jura liegenden gräflich Rechbergschen Waldungen — unter seiner Führung — zu besichtigen. Es ist mir eine Freude, hier mitzuteilen, daß dieser hervorragende Wirtschafter seit Jahrzehnten und als ich noch lange auf der Schulbank saß, seine Laubwaldungen nach der Schaftform durchforstete. Davon zeugen die von ihm durchhauenen Bestände jeder Art und jeden Alters. Wie sehr bedauerte ich, daß ich dieselben mit ihren zu erheblichem Teil tadellosen Stämmen nicht früher kennen lernte und Herr Forstmeister Moosmayer sich nicht zur Veröffentlichung seines Betriebs in den Durchforstungen, wie im ganzen Wald hatte entschließen können. Von neuem ein Beweis, daß wichtige und umwälzende Grundsätze ferne und unabhängig voneinander entstehen und die Verhältnisse umgestalten können, bis sie sich endlich als Früchte gleicher Geistesrichtung begegnen.

Schade, daß es in den besichtigten gräflichen Waldungen an Althölzern mangelt, so daß der Ausfall durch teilweise starken Eingriff der Durchforstungen in den Hauptbestand gedeckt werden muß, wodurch in manchen Buchenorten geringe Stammzahl und hoher Vorwuchs sich einstellte. Doch ändert dies nichts an den musterhaften Schaftformen der Mehrzahl von Stämmen in vielen jener Bestände.

Im reinen, namentlich gleichaltrigen Bestand prägen sich dessen tüchtigste Bäume hinsichtlich besonderer Wuchskraft vom 25. bis 30. Jahr an aus, bezügl. ihrer Schaftform aber schon wesentlich früher. Im gemischten Bestand erstreckt sich die Auswahl der „besten" Stämme nicht bloß auf Wuchskraft und Schaftform, sondern namentlich auch auf die Holzart. Da kann zuweilen die Wahl wehe tun, aber doch fällt sie im Einzelfall meistens ziemlich leicht, da gleichzeitig 3 Forderungen (betr. Holzart, Schaftform,

Wuchskraft) bestmöglich zu erfüllen sind. Im Zweifelsfall kann die Wahl unter Umständen bis zum nächsten Durchhieb verschoben werden und hilft man sich vorläufig mit sehr starker Aufastung, oder Köpfen von Nachbarn, wo deren Aushieb vorläufig zu weit ginge.

Bei künstlicher Bestandsgründung, wo so viele anfangs gleichberechtigte Stämmchen um die Vorherrschaft ringen, kommt dieser Kampf zwar bei genügender Stammzahl der Schaftformausbildung entschieden zugute, dagegen verzögert sich der Wettlauf um den Vorrang in den Wuchsleistungen.

Am günstigsten wirkt eine nicht zu langsame natürliche Verjüngung. Solche erfolgt häufiger horst- und gruppenweise, als gleichmäßig über die ganze Fläche hin. In ersterem Fall sind es die gut abgestuften, flach kegelförmigen Vorwuchshorste von mittlerer Größe, welchen die günstigsten Aussichten zur Seite stehen: Der Wuchs ist bei kräftigem Fortgang der natürlichen Verjüngung ein beschleunigter, die in der Regel große Stammzahl sorgt für gute Schaftform und reichliche Möglichkeit der Auswahl bester Stämme bei der demnächstigen Läuterung; die Beseitigung schlechter Wuchsformen schon in der frühen Jugend kommt den besseren zugute, von denen die besten dann im Wuchs voraneilen, allmählich erkennbare Hauptstämme und mit der Zeit zweifellose Haubarkeitsstämme abgeben, die vom Lichtwuchshieb etwa im 50. Jahr an stark hervortreten werden. Es ist nicht zu vergessen, daß geringe Mängel der Schaftform sich langsam verbessern, oft ganz verschwinden. Von unzähligen tadellosen Fichtenstämmen hätte ein sehr großer Teil in der Jugend nur Ausschußstangen gegeben und die schönsten Buchennutzstämme waren in ihrer Kindheit krumme Reiser.

Der Umfang, in welchem es gelingt, den Hauptbestand aus möglichst vielen α-Stämmen zusammenzusetzen, richtet sich insbesondere nach dem Maß der darauf verwendeten zielbewußten, früh begonnenen Arbeit, bezw. der für solche zur Verfügung stehenden Zeit und aufgewandten Mittel, welch beide zu sparen, sich schwer rächt. An raschwüchsigeren Stämmen fehlt es nirgends, ebensowenig an Bäumen, die deren Schaft ohne Aufastung reinhalten. Die α-Stämme sind überall vorhanden, man braucht sie nur zu sehen und zu pflegen. Das kann aber schon in einem kleineren Forst ganz unmöglich der Wirtschafter allein fertig bringen. Gute Schulung der ausführenden Unterbeamten mit einer gewissen nicht zu enge beschränkten Selbständigkeit derselben, aber mit gleichzeitiger umsichtiger Zügelführung ist unentbehrlich, so daß die „Handschrift des Wirtschafters“ in seinen Durchforstungen stets zu erkennen bleibt. (Michaelis.) Gelingt es, diesen Unterbeamten (den Forstwarten) eine Freude an gutem Durchforsten anzuerziehen, wozu das Lob am rechten Platz und der Hinweis auf die überraschenden Leistungen der α-Schaftformen besonders beitragen, dann ist der Erfolg sicher und augenfällig, auch in einem größeren Revier.

In diesem Zusammenhang ist von neuem der so wichtigen „Stammzahlfrage“ zu gedenken. Herr Forstrat Dr. Haug behandelte dieselbe und „ihre Bedeutung für die Bestandespflege“ in gewohnt gediegenem Aufsatz S. 1—11 der Allgemeinen Forst- und Jagdzeitung von 1899. Hier werden zwar keine bestimmten Zahlen gegeben, wie S. 105 in dem Kraftschen Fall, dafür aber mit Beschränkung auf den Hauptbestand Stammzahltafeln unter Anlehnung an die mittlere Stammstärke gewünscht. „Solange nicht brauchbare Stammzahlen ermittelt sind, haben wir eine klaffende Lücke in unserer Wissenschaft und so lange fehlt es unserer Praxis an einem zuverlässigen Steuer“ (a. a. O. S. 5). Es ist zu hoffen, daß solche nicht mehr zu lange auf sich warten lassen, obwohl gerade die jetzige unaufhaltsame Umbildung der Durchforstungslehre der Stammzahlfrage neue Schwierigkeiten entgegenstellt. Die Anwendung derartiger Tafeln auf den großen Betrieb als Anhaltspunkt kann sich nicht wohl auf Auszählung aller Stämme ausdehnen, sondern wird auf Berücksichtigung der nach Holzart, Alter und Standort zweckmäßigen Abstände der Hauptstämme voneinander sich beschränken.

Die Freie Durchforstung behält sich auch hier von Fall zu Fall freie Hand, um unter den gegebenen Verhältnissen das Beste zu leisten, was erreichbar ist bei gleichzeitiger Wahrung ihrer übrigen Grundsätze. Jedenfalls muß die Zahl der α-Stämme im besonderen dabei den Ausschlag geben, bei entsprechendem Eingriff in den Hauptbestand und Schonung des Nebenbestands.

Es ist richtig, daß die Freie Durchforstung viele Zeit und Arbeit erfordert, und dies mag ein Nachteil derselben sein. Aber da kann geholfen werden. Mit dem Auszeichnen der Durchforstungen ist früh zu beginnen, z. B. wo hauptsächlich Winterhieb stattfindet, schon nach dem Abschluß der Kulturgeschäfte über den ganzen Sommer und Herbst. Wird erst mit dem Anfang der Hiebszeit in den Durchforstungen ausgezeichnet, so kann nichts Gutes herauskommen. Die Auszeichnung im herrschenden Bestand muß vielmehr um diese Zeit schon überall fertig sein. Während des Betriebes der Durchforstungen darf nur noch das so wichtige Nachzeichnen und die Auszeichnung im Nebenbestand stattfinden; letzteres erst, wenn die zu fällenden Stämme aus dem Hauptbestand am Boden liegen.

Was bei der Plenterdurchforstung in hohem Maße zu befürchten ist und nicht zum wenigsten gegen dieselbe spricht, sind starke Beschädigungen des bleibenden Holzes durch die Fällung und namentlich auch Abfuhr des grundsätzlich zu hauenden stärksten Bestandesteils. Ein Anklang an diesen Nachteil kann im Fall mangelnder Vorsicht, z. B. wenn Abastung einzelner stärkerer Stämme vor deren Fällung unterblieb und zugleich auf weichem oder feuchtem Boden gehauen wird, bei der Freien Durchforstung vorkommen. Auch aus diesem Grunde müssen von ihr die zur Fällung bestimmten Bäume des herrschenden Bestandes zuerst geworfen werden; denn nur dann ist es möglich, im Fall etwaiger Beschädigungen eine hinreichende Zahl von Ersatzstämmen aus dem Nebenbestand zur Verfügung zu haben.

Der hierauf noch abkömmliche Teil des letzteren kommt mehr für den Nutzungsanfall nach Masse und Geld, als für Zwecke der Bestandeserziehung in Betracht.

Sturm- und Schneedruckbeschädigungen infolge der Freien Durchforstung sind mir trotz ausgedehntester Anwendung auf sehr großen Flächen und seit Jahren nicht bekannt. „Geigenbögen" aus dem geschonten Nebenbestand kommen selten vor. Der einzige Stamm, der sich auf den Rauwiesleflächen umlegte, gehörte zur unteren Fläche, war IVbγ und fiel also gerade nicht bei der Freien, sondern bei der „mäßigen" Kraftschen Durchforstung an.

Es bildet vielleicht eine Schattenseite der Freien Durchforstung, daß man die auf sie verwendete erhebliche Mehrarbeit später nicht unmittelbar wahrnimmt. Schon mehrmals ergötzten mich in meinen Durchforstungen Äußerungen von Beschauern, wie die: Ja, da ist es eine Freude, zu durchforsten, und kein Wunder noch Kunst, wenn man Erfolge sieht, wo man es auch in Buchen so sehr häufig mit schönen Schaftformen zu tun hat. Solchem Trugschluß würden am schlagendsten photographische Ansichten zahlreicher Bestände aus der Zeit vor Einlegung der Freien Durchforstung entgegengehalten. Leider stehen solche fast nie zu Gebote. Da muß also eben mit dürren Worten Widerspruch gegen so unrichtige Auffassung erhoben werden, oder noch besser, man setzt sich mit einigem Humor über die geäußerte verkehrte Ansicht weg und beruhigt sich über dieselbe als trefflichen Beweis für die starke Verbesserung des Bestandes durch die Freie Durchforstung.

Im übrigen bedarf geleistete andauernde treue Arbeit überhaupt keiner äußeren Anerkennung; erstere freut sich im stillen des Erfolges, den sie nach Ursache und Wirkung selber genau kennt, und überläßt anderen die Lösung des „Rätsels", warum in diesem oder jenem „Klima" die Bestände „so schön wachsen".

Zu der Mehrarbeit für das Auszeichnen der Freien Durchforstung[1]) kommt noch die durch den erheblichen Holzanfall, also namentlich durch dessen Nachprüfung veranlaßte. Wie schon an anderem Ort[2]) hervorgehoben, macht die Freie Durchforstung nach dem Hieb oft den Eindruck, sie sei „zu scharf, ja wirklich gar zu arg", der aber nach 2—4 Jahren gänzlich verwischt ist. Die Vermutung, daß „diese auffallende Erscheinung nur durch starken Zuwachs der frei durchforsteten Bestände sich erklären lasse", ist nun durch die mitgeteilten Zuwachsverhältnisse in vollem Umfang bestätigt.

---

[1]) Herr Oberforstmeister Weise rechnet (Zeitschrift für Forst- und Jagdwesen 1903, S. 6) wenigstens für die erste Durchforstung in gemischten Beständen, die vielfach bereits ein Rettungshieb sei, die 3 und 4fache Zeit und Überlegung wie im reinen Bestand, und hebt S. 8 hervor, daß kein Naturwald, sondern nur der Arbeitswald einen gemischten Nutzholzbestand bringt.

[2]) Allgem. Forst- und Jagdzeitung 1902, S. 304.

In denjenigen Bundesstaaten, in welchen[1]) jedes einzelne noch so schwache Stück Stammholz nachgemessen werden muß, bedeutet die Nachprüfung eines Durchforstungsanfalles von 3—4000 fm so viel oder mehr Arbeit, als diejenige der 2—3fachen Holzmasse in Schlägen. Dies ließe sich gewiß ohne Nachteile sehr vereinfachen. Der Schwabe, dessen Wahlspruch „furchtlos und treu" ist, und der in früheren Zeiten die Reichssturmfahne (aber nicht des „österreicher Landsturms") vorantrug, würde nicht minder gut fertig bringen, was in $^{12}/_{13}$ des Deutschen Reiches längst geübt wird.

In einigen Gegenden pflegt wohl, sei es zur Erleichterung der Arbeit oder in der gänzlich verkehrten Meinung, es werden dadurch höhere Erlöse erzielt, ein ganz unbestimmter Teil des Durchforstungsanfalls an schwachem Holz in den „Flächenlosen" belassen und als „schönes Durchforstungs-Reisig" behandelt und verkauft zu werden, obgleich Prügel, Derbstangen, unter Umständen schwaches Bauholz darin liegt. Dies ist noch deshalb in hohem Maß zu bedauern, weil hierdurch die so wichtige vergleichende Statistik über die Durchforstungsergebnisse ihren Wert fast gänzlich einbüßt.

Auch derartige Abwege könnten .durch einheitliche, vereinfachende Vorschriften über die Holznachprüfung gut vermieden und dadurch Zeit und Kräfte für wichtige Dinge frei gemacht werden. Zu solchen gehören z. B. die so lehrreichen Lagerbücher für die einzelnen Bestände, aus welchen bei guter Führung namentlich die früheren Haubarkeits- und Durchforstungserträge an Masse und Geld, nebst Kosten ersehen werden könnten. Gerade aus diesen würde am besten der mächtige Umschwung im Durchforstungswesen mit erdrückenden Zahlen hervorgehen. Ebenso wünschenswert wären vergleichende Untersuchungen mit dem Zuwachsbohrer, den man aber in vielen Gegenden nicht mehr als dem Namen nach kennt, oder zu dessen nutzbringender Anwendung die Zeit einfach fehlt.

Ein nimmermehr willkürliches, im Gegenteil wohl bemessenes Maß von Freiheit im Durchforstungswesen vermag

[1]) Baden, Hessen, Württemberg, die zusammen erst $^{1}/_{13}$ der Fläche des Deutschen Reiches ausmachen. (In Preußen genügt schon die Nachprüfung von etwa $^{1}/_{10}$ der Stämme.)

dasselbe, wie nachgewiesen, auf eine bedeutende Höhe im Vergleich mit dem früheren nachhinkenden Betrieb zu bringen. Die Freie Durchforstung wirbt Tausende durch Holzertrag, Zuwachs- und Wertssteigerung, wo die althergebrachte sich mit kaum der Hälfte begnügen mußte.

Und wie verhält sichs mit der Abtriebs- bezw. Umtriebszeit der Bestände? Dieselbe steht in so außerordentlich vielen Fällen, wenn nicht gar bei der Mehrzahl, nur auf dem Papier, während in Wirklichkeit ganz andere Umtriebe eingehalten werden, auch bei großen Durchschnitten. Hiebsnotwendigkeiten der Ertragsregelung und noch öfter waldbauliche Rücksichten, die stets die wichtigsten bleiben werden, namentlich aber besondere Ereignisse: Sturm, Insekten u. dergl. verursachen eine große Beweglichkeit in der Bestimmung der tatsächlichen Abtriebszeit. Selbst die „finanzielle“ Umtriebszeit ist eine veränderliche Größe und ohnedies bei 10—20 Jahren hin oder her nicht genau festzustellen.

Wie viele Forsteinrichtungswerke betrachten es als eine ihrer wichtigsten Aufgaben, von dem Vorhergegangenen, „Veralteten“ womöglich keinen Stein auf dem andern zu lassen! Wie wenige jetzt haubare Bestände werden die Umtriebszeit erreichen, welche ihnen in ihrer Jugend einst auf den Weg gegeben wurde? Man denke an Schillers Bewunderung der Forsteinrichtungswerke seiner Zeit mit ihren langen Umtrieben und Anordnungen bis zum Ende derselben. Warum wird jetzt im vollen Gegensatz hierzu bei den Ertragsregelungen die Zukunft der Bestände nur noch auf 10, höchstens 20 Jahre hinaus bestimmt oder besser vorgeschlagen? Weil es auf längere Zeit hinaus ganz wertlos ist und man sich nach einem Jahrzehnt wieder völlig freie Hand behalten will. Mit anderen Worten, man ist längst zur freien Umtriebszeit tatsächlich übergegangen. Sie ist in gemischten Beständen mit stark verschiedenem Höhen- und Stärkewuchs der Mischhölzer eine förmliche Notwendigkeit.

Wie steht es sodann mit der Verjüngung der Bestände? Wo nicht ödester Kahlschlagwirtschaft mit auf dem Fuß folgender Fichtenauspflasterung gefrönt wird, sondern auch der Natur huldvoll gestattet ist, ein Wörtlein mitzusprechen, wo nicht die ganze Zukunft auf eine Karte gesetzt, wo im Bergland die unendlich mannigfaltige Verschiedenheit der Standorte berücksichtigt wird und gemischte Bestände angestrebt werden, da gehört das Feld der freien Verjüngung. Reichliche Mitwirkung der Natur bei der Neubegründung, soweit irgend mit den Wirtschaftszwecken vereinbar, schließt ein schablonenhaftes, engherziges, ins einzelne gehendes Vorschreiben der Zukunft ganzer Bestände anläßlich der Fertigung des Wirtschaftsplanes vollständig aus. Wirkliche Verbesserungen mangelhafter Zustände sollen gewiß anerkannt und vollzogen werden; aber nichts hat sich so bitter gerächt und wird noch so große Opfer kosten, als die Zwangsjacke, welche ganzen Wäldern im Widerspruch zu ihrer Geschichte und Verfassung aufgehalst wurde. Es sei hier kurz an die vielen Gefahren künstlicher, reiner Bestände erinnert. Demgegenüber kann reichliche Mischung des Waldes unter Zuweisung der entsprechenden Standorte an die jeweils passendste oder mehrere ähnlich geeignete Holzarten niemals zu Nachteilen irgend welcher Art führen, sei es durch übermächtige Eingriffe von beliebiger Seite oder durch Umwälzung volkswirtschaftlicher Verhältnisse. Also freie Verjüngung!

Dafür, daß man auch bei der Naturbesamung „freier Hand" bedarf, ein Beispiel: Der Löcherhieb bewährt sich auf dem durchlässigen Boden des Buntsandsteins im Schwarzwald für die Verjüngung der Weißtanne und nebenher Fichte sehr gut. Letztere leidet dort ganz wenig an Rotfäule, welche der beste Vorarbeiter des Sturmes ist. Unter dem lockeren Schirm der überall vorhandenen Heidelbeere fliegen Tanne und Fichte reichlich an. Windschaden ist meistens mäßig. Die Verjüngung auf den Löcherhieben, die aber in sturmgefährdeten Lagen zu vermeiden sind, geht ziemlich rasch vor sich.

Im Schurwald dagegen (250—512 m) taugt der Löcherhieb zwar in bescheidenem Umfang für die Buche, weil diese auf dem fruchtbaren, stets frischen bis feuchten, lehmreichen Angulatensandstein in der 1. Jugend jede andere Holzart überwächst, also sehr gewalttätig ist. Dennoch stellt sich dichter, hoher Seegraswuchs ein, wenn nicht sofort die Buche auf dem Platz ist oder entstandene Löcher mit anderen Holzarten ausgepflanzt wurden. Der begonnene Löcherhieb in den Schurwaldbuchen mußte deshalb wieder eingeschränkt werden. Aus diesen Gründen wagte ich ihn für Tanne oder Fichte mit ihrer empfindlichen und langsamwüchsigen Jugend auf dem Angulatensandstein bis jetzt nicht.

Auf dem genannten frischen, oft feuchten Boden erweitert sich jede nennenswerte Lücke im Nadelwald in Zeitkürze zum wachsenden Sturmloch, um so mehr, als die Fichte vorwiegt und die Rotfäule sehr schlimm verbreitet ist. Man muß sich hier m. E. zuerst mit dem planmäßigen zerstreuten Einzelhieb[1]) auf dunkleren Stellen begnügen, um möglichst zahlreiche kleine Vorwuchsgruppen zu gewinnen und allmählich zu Horsten zu verschmelzen. Dies gelingt hier am besten auf nicht ebenem Boden und die Tanne siedelt sich besonders reichlich unter Fichtenschirm an, vollends bei mäßiger Buchenbeimischung. Fällungs- und Sturmschaden sind in Kauf zu nehmen, sowie Beschädigungen durch das Herausschleifen von Stammholz.

Auch wo die natürliche Verjüngung zum größeren Teil versagen sollte (hauptsächlich wo kein Laub auf den Boden gelangt), wird dieser Nachteil durch viel reichlicheren Lichtungszuwachs beim gleichmäßig zerstreuten Einzelhieb aufgewogen, als er neben großen Löcherhieben mit geschlossenen Bändern zwischen denselben möglich ist. Solcher Zuwachs überwiegt in seinem Wert während des zu seiner Ausnützung wirtschaftlich in Betracht kommenden Zeitraums bei weitem die etwa notwendig werdenden Kosten der künstlichen Verjüngung auf gleicher Fläche.

Also auch für die Löcherwirtschaft gilt das alte Lied: Eines schickt sich nicht für alle.

Einen neuen Beleg dafür, daß eine Bindung oder Erstarrung der Wirtschaftsgrundsätze, vollends auf lange Zeit hinaus, nicht rätlich ist, unter Umständen, wie z. B. die Verdrängung des Laubholzes, sehr bedenkliche Erscheinungen zeitigen kann, fand ich heuer Ende Mai auf einer Amtsreise im Buntsandsteingebiet des Schwarzwalds. Als dort durch gleichzeitig anwesende Geologen das umfangreiche Auftreten von Ortstein in Meereshöhen von 600—950 m meistens unter dichtem Überzug von

[1]) Vergl. auch Dr. Kast, „Die horst- und gruppenweise Verjüngung im k. baierischen Forstamt Siegsdorf 1890".

Heidekraut aus jüngster Zeit und als noch fortschreitend verkündigt wurde, schüttelte ich zuerst ungläubig den Kopf. Ist doch der Ortstein ein Gebilde der Lüneburger Heide, also des Tieflands, und ähnlicher Gegenden. Zahlreiche Bohrlöcher in den verschiedensten Lagen mußten jedoch den überraschten Beschauer allmählich überzeugen: der wie ausgeglüht anzusehende, durch Humussäuren ausgelaugte Bleisand und unter diesem die vollkommen harte, neuzeitlichste Bildung von Ortstein, auf der das Wasser glatt abfließt und die keine Wurzel durchläßt, überwand den Zweifel. Ein wahrhaft abschreckendes Bild bot ein, nun künstlich gedüngter, 20jähriger 0,5—1,5 m hoher Kiefernbestand von kläglichsten Krüppelwüchsen auf demselben Boden, wo nachweislich vor 30 Jahren besonders hochwertige Kiefernalthölzer standen.

Nach Versicherung jener Geologen findet sich diese Ortsteinbildung nirgends, wo noch Buchen- oder Eichenreste vorhanden und wo namentlich nicht verlichtete Kiefernbestände sind. Hand in Hand damit geht die Beobachtung, daß (wie im Schurwald und anderwärts) die natürliche Verjüngung der Weißtanne und auch Fichte besonders schön anschlägt, wo Buchen mäßig beigemischt bleiben, wenngleich nur im Nebenbestand.

Diese doppelte Erkenntnis bringt es jetzt zuwege, daß die im Laubholzgebiet fast überall verfolgte Buche im nadelholzdurchrauschten Schwarzwald nach teilweise fast gänzlicher Ausrottung wieder ihren Einzug hält, obwohl nur in ausreichend bescheidenem Maße. Sie soll weiterem Bodenrückgang steuern, die Naturbesamung erleichtern und ist bereits im Begriff, den, bis vor wenigen Jahren im Schwarzwald häufigen, Kahlhieb aus dem Feld zu schlagen. Also auch hier Loslösung von versteinertem „ausschließlichem Nutzholzbetrieb" und Übergang zu waldbaulich gesunder, freier Wirtschaft. Solche ersteht im Schwarzwald und anderwärts nun in Maßnahmen, für die früher der Scheiterhaufen sicher gewesen wäre, mit überzeugendem Ergebnis. Folgt man immerzu tunlichst den örtlichen Fingerzeigen der vielgestaltigen Natur, statt den Schablonen des grünen Tisches, oder nicht ohne weiteres übertragbaren Beobachtungen auf ganz anderen Standortsgebieten, so krönt sie die Mehrarbeit doppelt und dreifach, zuweilen 60fältig als reife Frucht des wechselvollen freien Betriebs.

Derselbe fordert vor allem während des ganzen Zeitraums der, auf Zuwachs, Umtrieb und Verjüngung höchst einflußreichen, sie oft entscheidenden, Durchforstungen genügende Erhaltung, unter Umständen Begünstigung von Hölzern, wie die Buche; letztere werfen zwar weniger hohe Erträge ab, ihre Mitwirkung in geeigneter Bestandesmischung spielt aber die Rolle einer Versicherung[1]) für die andauernde Einträglichkeit der Hauptholzarten. Anscheinend ein Preisgeben höchsten vorschwebenden Nutzens, tatsächlich die beste Stütze des Erreichbaren.

Die freie Verjüngung der Bestände, deren freie Umtriebszeit, sowie ihre sorgfältige, zwanglose, zuwachs- und wertsteigernde Behandlung in der Zwischenzeit nach bestem Ermessen, also die Freie Durchforstung, die nur ein Glied in der ganzen Kette ist, schließen sich plan- und sinnvoll zusammen zu der (dem Landbau auf seinem Gebiet längst bekannten) Freien Wirtschaft.

---

[1]) Vergl. „Deutsche Reisebilder" (Allg. Forst- u. Jagd-Zeitung) 1902, S. 74.

Anhang.

I. Neuere Klasseneinteilungen und Durchforstungsarten.

Anleitung für Durchforstungsversuche vom Jahr 1873 (aufgestellt vom Verein deutscher forstlicher Versuchsanstalten) § 8.

„In jedem Bestande, welcher sich vollständig gereinigt hat, lassen sich folgende Bestandsglieder unterscheiden:

1. dominierende Stämme, welche mit vollentwickelter Krone den oberen Bestandsschirm bilden;
2. zurückbleibende Stämme, welche an der Bildung des Stammschlusses noch teilnehmen, deren größter Kronendurchmesser aber tiefer liegt, als der größte Kronendurchmesser der dominierenden Stämme, die also gleichsam die 2. Etage bilden;
3. unterdrückte (unterständige, übergipfelte) Stämme, deren Spitze ganz unter der Krone der dominierenden Stämme liegt. Auch niedergebogene Stämme gehören hierher;
4. absterbende oder abgestorbene Stämme.

a) Die schwache Durchforstung entfernt nur die abgestorbenen Stämme.

b) Die mäßige die absterbenden und unterdrückten.

c) Die starke (vorgreifende) Durchforstung endlich auch alle zurückbleibenden Stämme."

Kraftsche Stammklasseneinteilung[1]) und Durchforstungsgrade von 1884.

„1. Vorherrschende Stämme mit ausnahmsweise kräftig entwickelten Kronen.

2. Herrschende, in der Regel den Hauptbestand bildende Stämme mit verhältnismäßig gut entwickelten Kronen.

3. Gering mitherrschende Stämme; Kronen zwar noch ziemlich normal geformt und in dieser Beziehung denen der 2. Stammklasse ähnelnd, aber verhältnismäßig schwach entwickelt und eingeengt, oft schon mit beginnender Degeneration — untere Grenzstufe des herrschenden Bestandes.

---

[1]) Beiträge zu den Durchforstungen ꝛc. 1884, S. 22. Es sind daselbst für die Stammklassen deutsche (arabische) Zahlen gewählt; ich hielt es für zweckmäßiger und gewöhnte mich daran, für die Kraftschen Klassen lateinische Ziffern zu benützen, S. 11, 12 uff.

4. Beherrschte Stämme; Kronen mehr oder weniger verkümmert, entweder von allen Seiten oder nur von 2 Seiten zusammengedrückt oder einseitig (fahnenförmig) entwickelt:

a) zwischenständige, im wesentlichen schirmfreie, meist eingeklemmte Kronen;

b) teilweise unterständige Kronen, der obere Teil der Krone frei, der untere überschirmt oder infolge von Überschirmung abgestorben.

5. Ganz unterständige Stämme:

a) mit lebensfähigen Kronen (nur bei Schattholzarten);

b) mit absterbenden oder abgestorbenen Kronen."

Kraftsche Durchforstungsgrade (1884) a. a. O. S. 38.

„1. Schwach: Nutzung der 5. Stammklasse.

2. Mäßig (meist die oberste, häufig noch nicht einmal erreichte Grenze der gewöhnlichen Durchforstungspraxis): Nutzung der Stammklassen 5 und 4b.

2a. Kräftig: Beschränkt sich neben den Klassen 4b und 5 auf die geringeren, sehr schwächlich bekronten oder stark eingeklemmten Stämme der Klasse 4a.

3. Stark: Nutzung der Stammklassen 5, 4b und 4a. „Dieser Grad bildet die äußerste Grenze der eigentlichen Durchforstungen; was darüber hinausgeht, wird zu den lichtenden Aushieben (Vorlichtungen und eigentlichen Lichtungen) gerechnet werden müssen."

Überall tunlichste Erhaltung der Klasse 5a in den „Beiträgen zur Durchforstungs- und Lichtungsfrage" 1889 von Kraft selbst empfohlen.

Hecksche Schaftformklassen von 1897, in Ergänzung der Kraftschen Stammklassen (sowie aller anderen Kronenklassen).

α Gerader, schöner, langschäftiger Nutzstamm,

β mittelmäßiger oder kurzschäftiger Nutzstamm,

γ krumm, rau, astig,

δ Zwiesel,

ε sehr stark vergabelt (soweit in Klasse I und II: „Prozen"),

ζ Stockausschlag,

η krank.

Freie Durchforstung von 1897.

Eingriff in sämtliche Kraftsche Stammklassen nach freier Würdigung des einzelnen Falls, stufenweise Begünstigung der Schaftformklassen durch Freihieb, hauptsächlich im herrschenden Bestand, am meisten der vereinigten Stamm- und Schaftformklassen I/IIIα; gute Verteilung der Hauptstämme, namentlich

Gruppenauflösung; zulässige Beseitigung, oder, wo dies zu weit geht, etwaige (starke) Aufastung von Bäumen mit schlechter Schaftform, einschließlich kranker Stämme; tunliche Schonung der (Kraftschen) Klasse Va, zu kleinem Teil auch IVb, des Nebenbestandes überhaupt, soweit erforderlich; Bodenpflege; mäßige Schlußunterbrechung, wo solche angezeigt, aber nur vorübergehend, stärkere bloß in Ausnahmefällen; Mischwuchsbegünstigung; Lichtwuchshieb für die Klassen I/IIIα ums 50. Jahr.

Schweizer Stammklassen.[1])

„I. Entschieden herrschende Bäume, in der Höhe hervorragend und mit allseitig gut entwickelter Krone.

II. Noch mitherrschende Bäume. Sie sind in der Höhe etwas niedriger als die entschieden herrschenden Bäume. Ihre Kronen sind weniger lang und breit entwickelt und weniger gleichmäßig ausgebreitet.

III. Beherrschte Bäume. Der Gipfel der beherrschten Bäume ist noch frei, dagegen sind sie kürzer als die mitherrschenden Bäume und der Gipfel befindet sich daher nicht mehr in vollem Lichtgenuß. Ihre Krone ist durch die Kronen der herrschenden und mitherrschenden Bäume eingeengt und deshalb in der Ausbreitung gehemmt und vielfach unregelmäßig geformt.

IV. Unterdrückte Bäume. Ihr Gipfel ist nicht mehr frei, sondern von einem oder mehreren Ästen der Nachbarbäume überwachsen.

V. Absterbende und dürre unterständige Bäume.

Schweizer Durchforstungsgrade.

A (schwach) entfernt die Klasse V, also dürre und absterbende unterständige Bäume.

B (mäßig) entfernt die Klassen V und IV (unterdrückte Stämme).

C (stark) entfernt die Klassen V, IV und III (beherrschte Bäume).

D (sehr stark) entfernt die Klassen V, IV und III vollständig und außerdem einen Teil der Klasse II (noch mitherrschende Bäume).

Bei D vorübergehende Unterbrechung des Bestandesschlusses, also Übergang zu den Lichtungshieben."

Anleitung von 1902 zur Ausführung von Durchforstungs- und Lichtungsversuchen vom Verein Deutscher Forstlicher Versuchsanstalten und seit 1903 vom Internationalen Verband forstlicher Versuchsanstalten, § 2.

„I. Herrschende Stämme. Diese umfassen alle Stämme, welche an dem oberen Kronenschirm teilnehmen, und zwar:

1. Stämme mit normaler Kronenentwicklung und guter Stammform.

[1]) Vergl. Österreichisches Zentralblatt für das gesamte Forstwesen 1903, S. 436, 433.

2. Stämme mit abnormer Kronenentwicklung oder schlechter Stammform.

Hierher gehören:

a) eingeklemmte Stämme (kl),

b) schlechtgeformte Vorwüchse (vo),

c) sonstige Stämme mit fehlerhafter Stammausformung, insbesondere Zwiesel (zw),

d) sogen. Peitscher (pt) und

e) kranke Stämme aller Art (kr).

II. Beherrschte Stämme. Diese umfassen alle Stämme, welche an dem oberen Kronenschirm nicht teilnehmen.

In diese Gruppe sind zu rechnen:

3. Zurückbleibende aber noch schirmfreie Stämme,
4. Unterdrückte (unterständige, übergipfelte) aber noch lebensfähige Stämme,

} für Boden- und Bestandespflege in Betracht kommend.

5. Absterbende und abgestorbene Stämme, für Boden- und Bestandespflege nicht mehr in Betracht kommend.

Auch niedergebogene Stangen gehören hierher."

Arten und Grade der Durchforstung.

1. Gewöhnliche oder Niederdurchforstung.

1. Schwache Durchforstung (A-Grad): Entfernung von Klasse 5 und kranken Stämmen.

2. Mäßige Durchforstung (B-Grad): Entfernung von Klasse 5, 4 und teilweise 2, nämlich der Peitscher, der gefährlichsten schlechtgeformten Vorwüchse, soweit sie nicht durch Ästung unschädlich zu machen sind, und der kranken Stämme.

3. Starke Durchforstung (C-Grad) entfernt allmählich alle Stämme der Klassen 2—5, sowie einzelne von Klasse 1 behufs gleichmäßiger Verteilung, jedoch ohne dauernde Schlußunterbrechung.

Beim B- und C-Grad Beschränkung, soweit durch Rücksicht auf Beschaffenheit und Schluß des Bestandes geboten; bei Entstehung von Lücken Belassung unterdrückter oder zurückbleibender Stämme.

2. Hochdurchforstung (E-Grad).

1. Schwache Hochdurchforstung (vorwiegend für jüngere Bestände): Aushieb der abgestorbenen und absterbenden, niedergebogenen, schlechtgeformten und kranken Stämme, der Zwiesel, Sperrwüchse, Peitscher und Gruppenauflöser. Wenn nötig, Verteilung auf mehrere Durchforstungen.

2. Starke Hochdurchforstung (hauptsächlich für die älteren Bestände): Außer den abgestorbenen, absterbenden, niedergebogenen, kranken Stämmen werden auch alle diejenigen entnommen, welche die gute Kronenentwicklung der Haubarkeitsstämme behindern, also Klasse 5 und Stämme der Klassen 1 und 2.

Lichtungshiebe.

1. Schwache Lichtung (L I-Grad) entnimmt 20—30 %,
2. Starke Lichtung (L II-Grad) entnimmt 30—50 % der nach dem C-Grad durchforsteten Vergleichsfläche.

II. Die Freie Durchforstung und die Schweizer Forstliche Versuchsanstalt.

Vorliegende Schrift war am 11. März 1904 abgeschlossen und durchgearbeitet, also druckreif, zur Absendung bereit. Auf der Suche, ob keine neuere Veröffentlichung aus Wissenschaft und Wirtschaft unbeachtet geblieben sei, fiel mein Blick auf die kurze Besprechung des 7. Bandes der „Mitteilungen der Schweizerischen Zentralanstalt für das forstliche Versuchswesen“ S. 49/51 der Allgem. Forst- und Jagdzeitung für 1904. Daselbst heißt es S. 49: „Ein E-Grad wird nicht erwähnt. Die Heckschen Schaftformklassen werden, als sich von selbst ergebend bei sinngemäßer Auszeichnung, für überflüssig erklärt.“

Dieses liebenswürdige Urteil veranlaßte mich, die „Mitteilungen“ sofort kommen zu lassen und alsbald nach deren Eintreffen am 18. März unter die Lupe zu nehmen. Sind nämlich die Schaftformklassen überflüssig, so habe ich die Arbeit fast eines Jahrzehnts vergeudet; die Freie Durchforstung steht und fällt mit den Schaftformklassen. Daraus folgt die Notwendigkeit, jene Schweizer Kundgebung und was damit zusammenhängt, hier näher zu besprechen. In den früheren Abschnitten will ich keine bezüglichen Einschaltungen machen; dieselben bleiben vielmehr ganz unverändert, wie sie am 11. März waren, außer einigen Ergänzungen, namentlich während der Drucklegung, die aber mit den „Mitteilungen“ lediglich nichts zu tun haben. Deren Besprechung, soweit sie zu gegenwärtiger Schrift in Beziehungen stehen, soll daher ganz für sich nachstehend folgen. Dabei sei bemerkt, daß die Anführung der „Schweizer Stammklassen und Durchforstungsgrade“, S. 96 in Anhang I, schon vor dem 11. März erfolgte und das dort Mitgeteilte ebenfalls ganz unverändert belassen wurde.

Die erwähnten Schweizerischen Mitteilungen, Band 7 bestehen zum größeren Teil aus der umfangreichen Abhandlung S. 1—246: „Einfluß verschiedener Durchforstungsgrade auf Zuwachs und Form der Fichte und Buche von Ph. Flury, Assistent der forstlichen Versuchsanstalt Zürich."

Jeder Sachkundige wird dieser mühevollen Fluryschen Arbeit das Zeugnis ausstellen müssen, daß mit unendlichem Fleiß, großem Scharfsinn und bewundernswerter Genauigkeit und Gründlichkeit der fast erdrückend große Stoff bearbeitet ist, den die Schweizerische Versuchsanstalt jahrelang mit Bienenarbeit aufhäufte.

Gerade bei der unumwundenen Anerkennung der Fluryschen Abhandlung wird es gewiß verständlich sein, wenn ich auch der Abwehr des Angriffs von dieser Seite auf die Schaftformklassen größeres Gewicht beilege und entsprechenden Umfang gebe.

Herr Flury sagt zunächst S. 3 seiner Einleitung, der 1873er Durchforstungsgrad C des Verbandes der Deutschen Forstlichen Versuchsanstalten entferne die Kraftschen Stammklassen 5b, 5a, 4b, außerdem 4a und einen Teil der 3. (Kraftschen) Klasse. Über letzteres wird man streiten können, da die 3. Klasse, also die untere Stufe des Hauptbestands, nicht ohne weiteres als „zurückbleibend" angesprochen werden kann. Es heißt dann: „Über den Durchforstungsgrad C hinaus hat nun unsere Versuchsanstalt im Jahr 1889 noch einen stärkeren Grad D in Fichten- und Buchenbeständen eingelegt." Ferner S. 4:

„Wir unterscheiden folgende Durchforstungsgrade als Grundtypen:

A. schwach,

B. mäßig oder mittelstark,

C. stark,

D. sehr stark oder vorgreifend. Hieran schließt sich dann

L der Lichtwuchsbetrieb.

Als Kombination zweier Grade erscheint D_A Eclaircie par le haut (auch Hochdurchforstung).

Die Unterscheidung dieser Grade gründet sich auf die Bildung von Baumklassen, welche in einem Bestande vorkommen können.

Wir unterscheiden nämlich:

1. Klasse: herrschende oder dominierende Stämme (d),
2. „ mitherrschende Stämme (m),
3. „ beherrschte Stämme (b),

4. „ unterdrückte Stämme (u),
5. „ absterbende und dürre unterständige Stämme.

Die 4 Durchforstungsgrade A—D gründen sich nun direkt auf obige Baumklassenbildung.

Es entfernt nämlich:

Grad A (schwach) die 5. Klasse dürre und absterbende Stämme.

Grad B (mittelstark) die 5. und außerdem die 4. Klasse unterdrückte Stämme.

Grad C (stark) die 5., 4. und außerdem die 3. Klasse beherrschte Stämme.

Grad D (sehr stark) die 5., 4., 3. und außerdem den größten Teil der 2. Klasse der mitherrschenden Stämme."

S. 5: „Vermehrt man aber die Zahl der Baumklassen, wie dies in neuerer Zeit von verschiedener Seite vorgeschlagen wird, so erschwert man einerseits eine sichere Unterscheidung und Anwendung in konkreten Fällen, andererseits wird die direkte Vergleichbarkeit von Durchforstungsversuchen verschiedener Autoren in Frage gestellt."

Endlich S. 6: „Es wäre aber überflüssig, für solche Stämme (nämlich sog. Wölfe, Prozen, Zwiesel usw.) neue Baumklassen einzuführen. Die betreffenden Stämme lassen sich stets in eine der 5 angeführten Baumklassen einreihen, unter jeweiliger Angabe des Grundes für den stattgehabten Aushieb.

Hauptzweck der Durchforstung bleibt neben der Steigerung des Zuwachses und Ertrages doch stets die Erziehung und Begünstigung wuchskräftiger, gesunder Stämme mit guter Schaftform. Dieser Grundsatz ist so alt, wie der Begriff der Durchforstung selbst. Wir betrachten es daher als ganz überflüssig, die Stämme nach Schaftformklassen zu unterscheiden und hierfür eine so komplizierte Einteilung zu wählen, wie dies in neuester Zeit vorgeschlagen wird.[1])

[1]) Oberförster Dr. Heck, „Zur freien Durchforstung", Mündener forstl. Hefte Nr. XIII, S. 18—54."

Herr Flury betont sodann den wesentlichen Unterschied zwischen Lichtungshieb, „bei dem sich niemals wieder unterdrückte Stämme einstellen werden", und D-Grad. Er sagt S. 7:

„Anders verhält sich der D-Grad. Nach Verlauf von 5—10 Jahren können sich wieder beherrschte und sogar einzelne unterdrückte Stämme einstellen, was die Vornahme einer weiteren Durchforstung bedingt. Damit ist tatsächlich der Beweis erbracht, daß Bestände, im D-Grad durchforstet, nach verhältnismäßig kurzer Zeit sich wieder vollkommen schließen und sogar bei Unterlassung weiterer Durchforstungen selbst auf C und B zurücksinken würden."
. . . „Die starken periodischen Aushiebe zum Zweck der Bestandespflege bezeichnen wir mit Grad D."

Herrn Flurys Aburteilung der Schaftformklassen seien zunächst die Ansichten zweier hervorragender Forstmänner gegenübergestellt, gegen die er sicherlich nichts einzuwenden vermag.

Herr Professor Dr. von Lorey sagt im Märzheft 1901 der Allgemeinen Forst- und Jagdzeitung S. 8 des Sonderabdrucks: „Hecks Vorschläge verdienen zweifellos alle Beachtung. Seine Schaftklassen (a. a. O. S. 35) ergeben sich ganz naturgemäß.“ Nun heißt es dort allerdings weiter: „Aber dieselben allgemein mit den Kronenklassen des vorgesehenen Arbeitsplanes zu kombinieren, halte ich wiederum für eine zu weitgehende Belastung desselben mit Einzelfällen und auch nicht für notwendig, da es bei aller E-Durchforstung als ganz selbstverständlich zu gelten hat, daß gute Schaftform für den zu pflegenden späteren Haubarkeitsstamm gefordert wird.“ (Nebenbei bemerkt, ist a. a. O. S. 5 und 7 unter dem D-Grad die „Gruppenauflösung ohne Schonung des Nebenbestands“ verstanden, welche eingeklemmte aber mitherrschende Stämme entnimmt, soweit solches erforderlich ist.)

Dem gegenüber sei daran erinnert, daß nach S. 1 vorliegender Schrift Herr Oberforstrat Dr. Stötzer S. 523 der 2. Auflage des Loreyschen Handbuchs der Forstwissenschaft der Freien Durchforstung das Erstlingsrecht gegenüber dem E-Grad der Versuchsanstalten (nun Hochdurchforstung) zuerkennt. Der Einwand „zu weitgehender Belastung“ wird S. 5 der „Neuen Forstlichen Blätter“ von 1902 entkräftet sein.

Sodann sagt Herr Forstrat Dr. Haug S. 3 der Allgemeinen Forst- und Jagdzeitung 1899: „Oberförster Dr. Heck schlägt in den Mündener Heften . . . vor, neben den Kraftschen Stamm- (Kronen-) Klassen besondere Schaftklassen zu bilden, nämlich: α . . . Dieser Vorschlag ist sehr beachtenswert und mit Freuden zu begrüßen, da er eine genauere Bezeichnung der Stammeigenschaften neben der Kraftschen Klasseneinteilung zuläßt, also nicht zur Zersplitterung führt.“ Man wird hiernach schließen können, daß, was „ganz naturgemäß“ und „mit Freuden zu begrüßen“ ist, nicht wohl zugleich „ganz überflüssig“ sein kann.

Es wäre zu erwarten, daß Herr Flury nach seinem Satz a. a. O. S. 6 über den „Hauptzweck der Durchforstung“ noch öfters auf die Schaftform zu sprechen komme. Davon trifft aber das Gegenteil zu. Seite 12, mittelbar auch S. 13, sind noch „schlechte Schaftformen“ anläßlich des Auszeichnens der Durchforstungen erwähnt, S. 200, nur noch die Unzulänglichkeit der Formzahl als „Maßstab der Schaftform bezw. der Vollholzigkeit eines Stammes“. Von S. 14 bis zum Schluß S. 246 ist also von den Schaftformen nie mehr die Rede, obgleich wiederholt, z. B. S. 85, „die Anforderungen der Praxis hervorgehoben werden und S. 188—199 vom „Baumschaft“ handelt“.

Damit ist auch die Bemerkung des Berichterstatters S. 49 von 1904 der Allgem. Forst- und Jagdzeitung als unrichtig erwiesen, Herr Flury habe die Schaftformklassen „als sich von selbst ergebend bei sinngemäßer Auszeichnung“ für überflüssig erklärt.

Wer in der Geschichte der Durchforstungen und den Waldungen Bescheid weiß, kann ferner dem Fluryschen Satz S. 6 in keiner Weise beistimmen: Der Grundsatz, stets wuchskräftige Stämme mit guter Schaftform zu erziehen, sei so alt, wie der Begriff der Durchforstung. Wenn man das liest, denkt man ja unwillkürlich an die Milliarden schlechter, krummer, zuwachsfauler Stämme, die unter der Herrschaft der G. L. Hartigschen Durchforstungsgrundsätze in den Hauptbestand einwuchsen, im Laubholz ihn zum größeren Teil ausmachten, dennoch aber bei Leibe nicht entfernt werden durften. Durch eine solche Behauptung fühlt sich der Kundige doch geradezu und regelrecht auf den Kopf gestellt.

Wie sich die Schweizerische Forstliche Versuchsanstalt im besonderen tatsächlich zu den Schaftformen verhält, geht aus folgenden Stellen klar hervor: Flury a. a. O. S. 13: „Es werden daher bei der 1. Durchforstung, wenn immer tunlich, alle krummen, gabeligen, schlechtwüchsigen, breitkronigen, verletzten, krebsigen usw. Stämme entfernt.“ Also wohl nur bei der 1. Durchforstung; außerdem: nicht ein Ausgehen von den besten Stämmen, sondern umgekehrt von den schlechtesten, d. h. der von mir als rückständig bezeichnete Standpunkt. Es heißt denn auch a. a. O. S. 8: „Im ferneren halten wir es für durchaus notwendig, einen einmal eingehaltenen Durchforstungsgrad während längerer Zeit genau festzuhalten und sich nicht durch vorübergehende wirtschaftliche Strömungen hierin beeinflussen zu lassen.“

Zur Ergänzung sei hier noch beigefügt, wie der Vorstand der schweizerischen Forstlichen Versuchsanstalt, Herr Professor Arnold Engler bei der 4. Versammlung des Internationalen Verbandes forstlicher Versuchsanstalten zu Mariabrunn vom 30. August bis 5. September 1903 sich zur Frage der „Anleitung für die Ausführung von Durchforstungs- und Lichtungsversuchen“ äußerte:[1])

[1]) S. 434 des sehr eingehenden Berichts im Oktoberheft von 1903 des „Österreichischen Zentralblatts für das gesamte Forstwesen“.

„Die Qualität der Bestandesglieder werde in der schweizerischen Klassenbildung und bei den Durchforstungsgraden absichtlich nicht berührt, denn sie dürfe bei der Durchforstung der Versuchsflächen keine leitende Rolle spielen. Es komme zwar vor (!), daß bei der ersten Durchforstung Zwiesel oder schlechtgeformte Vorwüchse herausgehauen werden, niemals aber dürfe die Auslese und Begünstigung des schönsten Bestandesmateriales gegenüber der strengen schematischen Einhaltung des Durchforstungsgrades in den Vordergrund treten. Sobald bei der Herstellung der Durchforstungsgrade grundsätzlich eine Auswahl in der Qualität der Bestandesglieder gefordert werde, müssen folgerichtig die Endresultate in Gelderträgen und nicht in Körpermaßen ausgedrückt werden. Der einmal festgesetzte Arbeitsplan müsse aber auch durch die ganze Dauer des Versuches genau eingehalten werden; die Durchforstungen seien rechtzeitig zu wiederholen, damit nicht ein Durchforstungsgrad in einen andern übergehe."

Wahrung des Durchforstungsgrades, des starrsten „Schemas" ist also der oberste Grundsatz des schweizerischen Durchforstungs-Versuchswesens. Hiernach vermag dasselbe allerdings mit Schaftformklassen nichts anzufangen.

Ein Schimmer von innerer Berechtigung ist diesem schweizerischen Standpunkt nicht abzusprechen. Es ist immerhin wissenswert, zu was für Ergebnissen man auch auf solch verlassenem Pfad gelangt. Aber: „Keine Wissenschaft ist Selbstzweck; ihr Endziel ist Verwertung im menschlichen Leben". Diesen Sinnspruch stellte ich an die Spitze meiner im Auftrag des Statistischen Landesamts in Stuttgart bearbeiteten und 1892 erschienenen Schrift „Die Hagelverhältnisse Württembergs in dem Zeitraum 1828—1890 mit besonderer Berücksichtigung der Bewaldung des Landes". Derselbe kann aber m. E. ausnahmslos jeder wissenschaftlichen Tätigkeit vorgehalten werden; sie läuft andernfalls Gefahr, zu uferloser Betätigung herabzusinken, hinsichtlich welcher das wirtschaftliche Leben zur Tagesordnung übergeht. Weit entfernt, zur bloßen Handlangerin und Magd des täglichen Lebens entwürdigt zu werden, oder demselben bloß „Rezepte" liefern zu müssen, soll die „voraussetzungslose" Wissenschaft es als eine wichtige Aufgabe betrachten und so auch das forstliche Versuchswesen, die Fühlung mit der Wirtschaft, stets im Auge zu behalten und sorgfältig zu pflegen.

Deshalb kam es in Mariabrunn zu entschiedener Anfechtung jener Schweizer Grundsätze durch die preußische Forstliche Versuchsanstalt. Letztere steht eben mit vollem Recht unter dem starken Eindruck des Gedankengangs, aus dem die Freie Durchforstung entsprang.

Die Freie Durchforstung ist nicht ein Kind der Wissenschaft, sondern der Wirtschaft, aber mit den neuesten Errungenschaften der Wissenschaft und Erfahrungen der Wirtschaft ausgestattet. Die Forstwirtschaft vermag mit den starren Durchforstungsgraden blutwenig anzufangen, schon im reinen Bestand, geschweige im gemischten Wald.

Das Nähere hinsichtlich der Erwiderung in Mariabrunn auf die Grundsätze der Schweizerischen Versuchsanstalt findet sich im Österreich. Zentralblatt 1903 S. 436, 437.

Aus diesem Anlaß möge übrigens 2 Sätzen widersprochen werden, die Herr Forstmeister Professor Dr. Schwappach daselbst aufstellte. A. a. O. S. 428: „Das Ziel der modernen Forstwirtschaft: Nutzholzerziehung und möglichste Steigerung des Gesamtzuwachses, lasse sich aber ohne Entfernung der schlechtformigen Stämme, Auflösung der Gruppen und Isolierung der Kronen niemals erreichen." Warum ist hier die Begünstigung der besten Stämme nicht an die Spitze gestellt, ja nicht einmal erwähnt? Sie ist doch nachgewiesenermaßen 10 mal wichtiger, als die Entfernung der schlechtformigen.

Ferner S. 436: „Die Versuche müßten der Wirtschaft stets vorauseilen; wir müssen viel schärfer vorwärtsgehen, als es die Praxis könne, denn sonst wären die Versuchsanstalten überflüssig, wenn sie Versuche ausführen, worüber die Praxis schon zur Tagesordnung gegangen sei."

Ja, das wäre eine schöne Sache, wenn die Versuchsanstalten der Forstwirtschaft voranleuchten und die Führung übernehmen müßten. Wissenschaft und Versuchsarbeiten hoch in Ehren! aber jedes an seinem Platz! Die Natur schreitet mit Sturm, Schneebruch, reichstem Wechsel der Wuchsbedingungen namentlich am vollbesetzten Tisch der Mischbestände viel gewaltiger einher, als es der stärkste Versucher vermag. Wer Augen hat, zu sehen, der sieht es gewiß allenthalben auf Schritt und Tritt im grünen Wald, auch wenn es nicht gerade auf 0,25 ha zahlenmäßig geschieht, sondern in ungezählten Einzelfällen, von welchen fast beliebig viele die treibende Kraft, losgelöst von andern Einflüssen, in genügender Reinheit darstellen.

Das Versuchswesen hat namentlich die Aufgabe, für waldbaulich möglichst einfache Fälle eine genügende ziffernmäßige Unterlage zu schaffen, damit nach dem Gesetz der großen Zahlen die Folgen verschiedener Einwirkungen und Verhältnisse mit befriedigender Wahrscheinlichkeit vorausgesagt und bewirkt werden können. Dasselbe hat ferner Ertragstafeln aufzustellen und vollendete dies in bewundernswertem Umfang im Laufe mehrerer Jahrzehnte. Nur schade, daß ein erheblicher Teil ihrer Grundlagen den heutigen Anschauungen über Bestandeserziehung nicht mehr recht entsprechen will. Zu diesen Zwecken bedarf das Forstliche Versuchswesen eines äußerst beträchtlichen Aufwandes an Zeit, Arbeit und Geld; Schwerfälligkeit mit allen ihren Schattenseiten ist ihm eigen. Die Wirtschaft dagegen ist die leicht beschwingte, stark anpassungsfähige Dienerin vornehmlich des Waldbaus, dessen vielseitigen erfahrungsmäßigen Lehren sie fast überallhin mit nahezu blindem Vertrauen folgen darf. Die Freie Durchforstung, überhaupt die Freie Wirtschaft, schafft sich und sieht auf Schritt und Tritt ihre Versuche, deren Früchte ihr dann alljährlich in den Schoß fallen.

Das Entgegenkommen der preußischen Forstlichen Versuchsanstalt gegenüber wichtigen Anforderungen der Wirtschaft ist in hohem Grad erfreulich. In diesem Geist getragene Versuche werden viel früher Erfolge erzielen, als auf anderem Weg.

Nachdem Herrn Flurys Ansicht über die Schaftformklassen vom Standpunkt der Freien Durchforstung beleuchtet wurde, mögen auch noch weitere Ergebnisse seiner gediegenen Arbeit im Hinblick auf Inhalt und Zweck gegenwärtiger Schrift besprochen werden.

Zunächst die Klasseneinteilung und die Durchforstungsgrade. Schon ehe mir die Flurysche Abhandlung zu Gesicht kam, fragte ich mich vergeblich: welchen Vorzug soll denn die schweizerische Klasseneinteilung S. 96 gegenüber der vor ihr bestandenen Kraftschen Einteilung haben? Ich fand und finde keinen. Der Unterschied zwischen beiden ist folgender: (Siehe Übersicht 31, Seite 106.)

Der Schweizer D-Grad beseitigt also noch den größten Teil der Schweizer Klasse 2, d. i. der Kraftschen Klasse 3, greift somit schon nachdrücklich in den Kraftschen Hauptbestand ein, wie immer ohne Rücksicht auf die Schaftform.

Übersicht 31.

Klasseneinteilung:		Durchforstungsgrade:			
Kraft	Schweizerische Versuchsanstalt	Kraft		Schweizerische Versuchsanstalt	
ist gleich		Grad	entfernt die Kraftsche Klasse	Grad	entfernt die Schweizer Klasse
5b	5	1 schwach	5b + 5a	A schwach	5
				B mittelstark, mäßig	5, 4
5a	4	2 mäßig	5 und 4b	—	—
4a + 4b	3	2a kräftig	5, 4b, 4a teilweise	—	—
3	2	3 stark	5, 4b, 4a	C stark	5, 4, 3
1 + 2	1	—	—	D sehr stark	5, 4, 3 und 2 zum größten Teil.

Die schweizerische „mittelstarke“ oder nach Engler „mäßige“ Durchforstung ist gleich der Kraftschen „schwachen“. Die Kraftsche mäßige Durchforstung kennt die Schweiz nicht, ebensowenig die „kräftige“.

Die „starke“ Durchforstung ist beiderseits genau gleich.

Der Schweizer D-Grad geht für eine „Durchforstung“ doch wohl etwas zu weit. Da derselbe von der III. Kraftschen Stammklasse nur wenige Stücke stehen läßt, so müßte zugunsten des Bodens dafür ein Teil des Nebenbestands, mindestens Va (Kraft) geschont werden. Aber auch dies wird weggefegt. Auf den hiesigen, meistens kräftigen Böden wäre starke Vergrasung und nahezu Verschwinden der Laub- und Humusdecke die sofortige Folge einer D-Durchforstung in schweizerischem Sinn. Durch solche wären z. B. 1902 in U und O je 51 (!) % der ganzen Stammzahl gefallen, wenn man auf beiden Rauwiesle-Flächen den gesamten Nebenbestand IVa bis Vb beseitigt und von Klasse III nur die α-Stämme hätte stehen lassen (vergl. Übersicht 11 und 12). Es könnte nicht wundern, wenn deshalb der D-Grad auch auf den Zuwachs nicht so günstig wirkt.

Meines Erachtens ist der Schweizer B-Grad zu schwach, der D-Grad für den Boden zu stark, für die Begünstigung von I/IIα zu schwach, häufig auch für die in natürlich verjüngten Beständen so wichtige Gruppenauflösung.

Was ich während der sehr schönen 14 tägigen Reise des Vereins der Deutschen Forstlichen Versuchsanstalten im September 1891, bei welcher Herr Flury und ich uns täglich sprachen, auf einer Anzahl von Schweizer D-Flächen sah, konnte mich wenig für dieselben einnehmen.

Ich möchte nicht so unfreundlich sein und behaupten, die Schweizer Klasseneinteilung und Durchforstungsgrade seien „ganz überflüssig". Sehe jeder, wie ers treibe. Ernste Arbeit gebietet Achtung. Aber nach meiner Überzeugung verdient Kraft, wo Unterschiede vorliegen, entschieden den Vorzug. Statt D dann besser Lichtung mit Unterbau.

Es ist überhaupt zu bedauern, daß hinsichtlich des Sprachgebrauchs in der Durchforstungslehre eine förmliche Verwirrung besteht. Nach den Bezeichnungen von Kraft, Arbeitsplan von 1873, 1902/03 und Schweizerischer Versuchsanstalt haben z. B. die Baumklassen herrschend und beherrscht je 3, unterdrückt oder unterständig 2, die Grade mäßig, B und C je 3, schwach 2 wesentlich und grundsätzlich verschiedene Bedeutungen.

Da die Kraftsche Einteilung der Stammklassen (d. h. Kronenklassen) sehr viel besser ist, als die des Arbeitsplans von 1873, so wäre es gewiß am rätlichsten, wenn alle Versuchsanstalten sich einheitlich auf erstere bezogen hätten.

Jetzt aber muß man schon recht gut im Versuchswesen Bescheid wissen und mit dessen Entwicklung und heutigem Stand vertraut sein, um zu erkennen, was da oder dort mit den wichtigsten gleichlautenden Bezeichnungen gemeint ist. Bei wie vielen Wirtschaftern darf man diese Kenntnis voraussetzen? In Wirklichkeit werden sich die meisten derselben unter B und C, schwach und mäßig, je ganz verschiedene Bilder machen und nach diesen handeln, wenn sie überhaupt sich darnach richten. Einheitlichkeit der Grundbegriffe wäre das erste Erfordernis, wenn das Versuchswesen die Lehrmeisterin der Wirtschaft sein möchte.

Herr Dr. Laschke, soviel ich sagen hörte ein Deutscher, legt S. 10 seiner „Ökonomik des Durchforstungsbetriebs" 1901 ohne weitere Erklärung kurzer Hand die schweizerischen Durchforstungsgrade, also ohne deren Bezeichnung als solche, sämtlichen ferneren Betrachtungen zugrunde. Unter diesen Hut muß alles hinunter. Ihm ist jede stärkere oder sehr starke Durchforstung ziemlich gleichbedeutend mit dem (Schweizer) D-Grad; etwas anderes gibt es für ihn so gut wie nicht. Den forstlichen Versuchsanstalten erteilt er S. 58 die Weisung: „die fernere Aufgabe derselben besteht darin, der Praxis neue Anhaltspunkte für die Erträge der Durchforstungen in den einzelnen Graden A bis D durch Aufstellung von Durchforstungsertragstafeln zu liefern". Die Dänische Durchforstung (S. 81), wie ein Lichtungshieb Wageners in Mittelwaldoberholz zugunsten unterbauter Fichten (S. 45) ist ihm „weiter nichts als eine D-Durchforstung"; am Ende würde er dies gar von der Freien Durchforstung sagen.

Es muß hiermit entschiedene Verwahrung dagegen eingelegt werden, daß, vollends von deutscher Seite aus, der doch bessere Vorbilder zu Gebote stehen, alles Durchforstungswesen an dem meines Erachtens nicht sonderlich zweckmäßigen Schweizer A bis D gemessen wird, das sonst nirgends anerkannt ist.

Auch Herrn Flurys Vorschlag (a. a. O. S. 9) mit L_A, L_B, D_A den Lichtungshieb, Überhaltbetrieb, éclaircie par le haut usf. zu bezeichnen, nur um keine „Vermehrung der Durchforstungsgrade" zu bekommen, kann man nicht beipflichten. So einfach ist die Bezeichnung solcher Hiebe denn doch nicht; sie deckt sich nur sehr bedingt mit D_A, L_B und dergl.

In Mariabrunn fiel 1903 die u. a. beantragte Annahme der Schweizer Klasseneinteilung (welcher ihre Durchforstungsgrade genau entsprechen) gewiß mit vollem Recht durch. Wenn ich auch nicht für den neuen Durchforstungs-Arbeitsplan des Vereins der deutschen Forstlichen Versuchsanstalten schwärme, so ist derselbe doch noch dem starren schweizerischen durchaus vorzuziehen.

Über die Wiederholung der Durchforstungen äußert Herr Flury a. a. O. S. 14 u. a. folgende Ansichten:

„Die 2. Durchforstung folgt in jüngeren Beständen nach etwa 4—5 Jahren und steigt bei älteren Beständen auf 6—8—10 Jahre.

Die bis jetzt gemachten Erfahrungen haben gezeigt, daß die Wiederholung der Durchforstungen in jüngeren Beständen nicht so sehr vom Durchforstungsgrad, als vielmehr von der Standortsgüte abhängig ist.

Bei Beständen nach Grad C und sogar D durchforstet stellt sich das Bedürfnis einer erneuten Durchforstung ebensofrüh ein, wie bei Grad B."

Vollkommen einverstanden, unter Vorbehalt beim D-Grad!

Was Herr Flury über die Messung nach mm äußert, ist mir ganz aus dem Herzen geschrieben. Er sagt in den „Mitteilungen ꝛc." S. 23: „Die Zuwachsbeträge, zumal des Nebenbestandes, sind verhältnismäßig kleine Werte und bewegen sich innerhalb der Grenzen eines oder mehrerer Millimeter. Jährliche wiederholte Aufnahmen zahlreicher Versuchsflächen haben uns schon frühzeitig von der Notwendigkeit der Millimeter-Messung überzeugt."

Überhaupt darf das, was a. a. O. S. 19—24 über die Art der Messung und Eintragung der Durchmesser gesagt wird, als mustergültig bezeichnet werden. Es war mir von der 1891er Besichtigung der Schweizer Versuchsflächen nicht erinnerlich, daß die Durchmesser nach Millimeter aufgenommen werden. Die Formulare, welche man damals „zum Andenken" mitbekam und die ich noch besitze, sind ausschließlich nach cm und nicht nach mm vorgedruckt.

Auf meinen Adelberger Versuchsflächen arbeitete ich, wie früher mitgeteilt, von Anfang (1897) an nach mm bei kreuzweiser Messung an Festpunkten der durchweg numerierten Stämme.

Wie aus S. 24 a. a. O. ersichtlich, wird von Herrn Flury bei der Bestandesaufnahme jeder Stamm auf die Baumklasse angesprochen, der er angehört (also herrschend usw.). Das ist vortrefflich und wichtige Schlüsse werden dadurch erst ermöglicht. Aber wie schade, daß nicht gleichzeitig die Schaftformklassen aufgezeichnet werden. Welche Menge von Stoff wäre dadurch geboten für die Beurteilung des Zuwachses der einzelnen Schaftformklassen. Vielleicht geschieht es einmal künftig. Wo mit so eisernem Fleiß gearbeitet und gesichtet wird, wie von Herrn Flury, wären wichtige Folgerungen für das Verhalten der Schaftformklassen sicher. Dieselben lassen sich bekanntlich der Schweizer Klasseneinteilung genau so vorteilhaft anhängen, wie der Kraftschen, von der erstere ja nur ein Ableger ist, und überhaupt jederlei Kronenklassen. Aber vorher müßte freilich die Ansicht fallen, die Schaftformklassen seien „ganz überflüssig".

„Die Massenberechnung des Derbholzes (vom Durchforstungsanfall) erfolgt durch direkte Kubierung aus Länge und Mittenstärke." A. a. O. S. 25. Es ist schade und reimt sich nicht mit dem übrigen durchweg feinen Verfahren, daß diese Messung so wenig genau geschieht. Für die Tübinger Versuchsanstalt maß ich 3 Sommer lang ausnahmslos das Derbholz des Durchforstungsanfalls nicht in einem, sondern in 2 Abschnitten aus halber Länge und Kreisfläche in $^1/_4$ und $^3/_4$ der Länge des Derbholzstücks. Geradeso geschah es 1897 und 1899 beim Durchforstungsanfall auf den 3 Adelberger Versuchsflächen. 1902 wurde dagegen der Durchforstungsanfall genau so wie die Probestämme behandelt (nur das Reisig nicht stammweise getrennt gewogen). Das ist zwar eine sehr bedeutende Arbeitsmehrung, sie erscheint aber unerläßlich.

Die Veränderung der Baumklassen im Kampf ums Dasein ist a. a. O. S. 46—56 sehr anschaulich dargestellt. „Von den jetzt beherrschten und unterdrückten Stämmen waren vor 5 Jahren noch eine namhafte Anzahl derselben dominierend." (S. 54.) Dies stimmt mit dem, was ich S. 31 über die „zahlreichen Veränderungen in den Stammklassen" sagte.

Über den Kreisflächenzuwachs seien zur Vergleichung mit den Adelberger Ergebnissen einige Sätze aus den schweizerischen „Mitteilungen" wiedergegeben:

S. 107: „Der Durchforstungsgrad C bringt in den meisten Fällen auf allen Bonitäten das Maximum des Zuwachses hervor."

S. 121: „Die Durchforstung begünstigt vorzugsweise die um die mittlere Stammstärke herumliegenden Baumklassen."

S. 141: „Der Zuwachsbetrag der obersten Stärkeklassen pro ha ist bei allen Durchforstungsgraden so ziemlich gleich.

Die untersten Stärkeklassen, d. h. die beherrschten und unterdrückten Stämme bei B und A, gewinnen durch die Durchforstung im Zuwachs wenig oder gar nichts.

Die stärkeren Durchforstungsgrade C und D vermögen auch den Zuwachs des Nebenbestandes bedeutend mehr zu steigern als B und A."

Der Kreisflächenzuwachs auf 1 Jahr und ha ist nach Herrn Flury für 28—60jährige Fichten und 20—116jährige Buchen der Standorte I—IV für Grad A S. 108/109:

	Fichte qm	Buche qm
Hauptbestand . . .	0,85—1,56	0,40—1,23
Nebenbestand . . .	0,01—0,08	0,01—0,07
Gesamtbestand . . .	0,86—1,90	0,41—1,38

S. 120: „Bei Fichte und Buche weisen die Grade C und D auffallend starke prozentische Zuwachssteigerung auf.“

S. 129: „Den größten Massen- und Wertzuwachs produzieren durchweg die Grade B und C.“

Der Massenzuwachs von 18 Buchendurchforstungsvergleichsflächen von 20—60 jährigem Alter aller Standorte berechnet sich als 6—16 jähriger Durchschnitt aus Herrn Flurys Angaben S. 134—137 für Grad A—D und den

	Hauptbestand fm Derbholz	Nebenbestand fm Derbholz	Gesamtbestand fm Derbholz
von	1,97	0,00	1,97
bis	9,21	1,49	10,70
im Mittel . . .	5,24	0,91	6,15

Hinsichtlich des Verhältnisses vom Kreisflächenzuwachs zum Massenzuwachs findet Herr Flury S. 142: „Die Bestandeskreisfläche nimmt für Buche und Fichte beim Grad D verhältnismäßig stärker zu als die Masse. Eine unmittelbare Schlußfolgerung vom Kreisflächenzuwachs auf die Holzmasse ist somit nur bis zu einem gewissen Grad zulässig.“

S. 148 wird die wichtige Tatsache mitgeteilt, „daß der Hauptbestand in seiner Derbholzmasse infolge des Durchforstungseingriffs von einer Aufnahme zur andern nie zurückgegangen ist. — Daß der schließliche Abtriebsertrag bei C und D größer sein werde oder sein sollte als bei B und A, kann man wohl nicht verlangen. Der stärker durchforstete Bestand repräsentiert bei gleicher Holzmasse und geringerer Stammzahl schließlich doch einen viel höheren Wert, ganz abgesehen davon, daß wir zudem noch die größeren Durchforstungserträge nutzen können“.

Nach S. 151 zeigt die Fichte den höchsten prozentischen Durchmesserzuwachs bei den oberen, die Buche bei den unteren Stärkeklassen.

S. 159: „Der laufende jährliche Höhenzuwachs der stärkeren Durchforstungsgrade ist größer als derjenige von B und besonders von A.“

Herr Flury faßt S. 186 seine Vorschläge für das Durchforstungswesen in mehreren Regeln zusammen. Von diesen seien hervorgehoben:

„1. Frühzeitige und regelmäßige Durchforstungen nach B—C in der Jugend, gegen das mittlere Alter hin rasch steigend auf C . . .

3. Begünstigung der Kronenentwicklung zur Verhinderung der Zuwachsabnahme durch frühzeitiges Einleiten des Lichtungszuwachses."

. . . „Auf die beschriebene Weise möchten wir einerseits hohe Durchforstungserträge, andererseits massenreiche, im Zuwachs stetig anhaltende wertvolle Altholzbestände ohne Erhöhung der Umtriebszeit."

Ganz einverstanden! aber man vergesse nicht, daß es weniger der Durchforstungsgrad und nicht so sehr die Stärke des Holzes ist, als insbesondere die Schönheit der Stämme, welche am meisten werterhöhend auf die Bestände einwirkt. Diese muß, je früher desto besser, durch zielbewußte Bestandeserziehung herausgearbeitet werden, am besten im Alter der Reinigungshiebe und ersten Durchforstungen. Was Hänschen nicht lernt, lernt Hans nimmermehr, was dagegen ein Häkchen werden will, krümmt sich ebenfalls beizeiten. Je größer der verhältnismäßige Anteil von α-Stämmen ist, desto jünger und schwächer braucht das Holz zu sein, um dennoch erreichbare höchste Werte zu erzielen. Also Lichtwuchshieb zugunsten der schönsten herrschenden Stämme, d. h. I/IIIα etwa im 50. Jahr, und fernere leichte Freihaltung ihrer Krone! Dafür sinngemäße Schonung des nützlichen Teils vom Nebenbestand.

Für die auffallend langschäftigen, glatten und geraden, aber nicht so starken, obwohl gegen 400jährigen, Spessarteichen werden erstaunliche Preise gezahlt. Mag auch deren gleichmäßige Feinringigkeit mancher Käufer sehr schätzen, so wären die Erlöse schwerlich niederer, wenn es gelänge, das geradeso schöne Holz durch entsprechende Erziehung schon in 100—120—140 Jahren zu erzielen. Obendrein ist Eichenholz mit breiten Jahrringen sonst hochwertiger, als mit schmalen. In Nadelholzhieben hat man regelmäßig einen beträchtlichen Teil, namentlich bei älteren Beständen, dem minderwertigen Ausschuß zuzuweisen, weil krumm oder rauh oder beides. Auch im Nadelwald ist die Erziehung schöner Schäfte noch wichtiger als der Durchforstungsgrad.

Wegen der Holzgerechtigkeit im Spessart können die dortigen Waldungen, soviel ich mich erinnere, erst vom 60. Jahr an durchforstet werden, also in einem Alter, wo anderwärts die Hauptaufgabe der Durchforstungen schon erfüllt ist. Es fiel mir anläßlich der Würzburger Forstversammlung im Spessart auf, daß die

Zahl der Eichen oft unverhältnismäßig groß ist, weil man sich nicht hatte entschließen können, den allerbesten von den ungezählten sehr guten Stämmen den erwünschten Wuchsraum zu geben. Häufig tut allerdings die Wahl unter den schönen Eichenstämmen weh.

Bei jener Würzburger Versammlung, bezw. dem nachfolgenden Spessartbesuch vermißte ich die Mitteilung von Aufnahmeergebnissen oder Ertragsuntersuchungen über die dortige Eichenwirtschaft. Auch bei dem nicht kräftigen Buntsandsteinboden und den Streurechtsverhältnissen wäre künftig durch gesteigerte Lichtwuchsbehandlung wohl nur etwa $^1/_3$ bis $^2/_5$ des bisherigen Eichenumtriebs erforderlich, um die nämlichen Massen- und Gelderträge zu erzielen, wie solche jetzt eingehen.

Noch ein Wort über den Höhenwuchs. Herr Flury bekämpft S. 168 die bisher viel verbreitete Ansicht, daß der gedrängteste Stand (Grad A) gleichzeitig höhere Stämme erzeuge. Er findet die beste Höhenentwicklung für die Buche entschieden beim C-Grad, also immerhin nicht beim D-Grad. Dies bestätigt bis zu einem gewissen Grad das, was S. 28 über die Forschungsergebnisse des Herrn Forstrats Böhmerle mitgeteilt wurde. Hierbei sei aber namentlich an die den Kern der Sache sicher am besten treffende Darlegung des Herrn Oberforstmeisters Weise (Mündener Forstliche Hefte, 16. Heft, 1900, S. 170: „Die Höhe der Bestände im Hoch- und Mittelwalde") erinnert. Dort ist ausgeführt: „In der Regel finden wir nämlich, daß diejenigen Bäume die höchsten sind, die trotz des Hochwaldschlusses sich den größten Wachsraum zu verschaffen wußten. Die Bäume, welche in vollem Schlusse stehen, werden dagegen verhältnismäßig oft überwachsen; sie lassen nach im Höhenwuchs, sie werden nicht getrieben."

Dieses Verhalten wird von Weise auf die mit der Durchforstung fort und fort wirkende Zuchtwahl durch Auslese immer wieder der in bezug auf die Höhe wuchskräftigsten Stämme wohl mit vollem Recht zurückgeführt. Vergl. übrigens S. 42.

Dabei ist es ziemlich Nebensache, wie diese Höchstleistungen an Wuchskraft von bevorzugten Stämmen angesehen werden. Herr Oberforstmeister Dr. Borggreve ist der Meinung,[1]) der Vorsprung einzelner Stämme sei ein rein zufälliger und sein Einfluß steigere

[1]) Die deutsche Holzzucht S. 177—186, bes. S. 181.

sich mehr und mehr im Laufe der Zeit, „solange nicht neue zufällige äußere Einwirkungen wieder eine Änderung bedingen“. Dem gegenüber möchte ich, ohne solche Einflüsse irgend zu verkennen, der ausgeprägten Persönlichkeit, wenn nicht jedes einzelnen Baumes, so doch einer großen Anzahl von Stämmen das Wort reden. In dieser Beziehung braucht ja nur an gewisse Eigentümlichkeiten ungezählter einzelner Stämme erinnert zu werden, die sich durch keine örtlichen Ursachen erklären lassen: Dreh-, Hänge-, Schlangenwuchs, Steinbuche, namentlich das so sehr verschieden eintretende Ausschlagen einzelner Bäume, das sich bei den nämlichen Stämmen alljährlich ziemlich gleich bleibt. (Bei Buche beträgt der Unterschied in der vollen Belaubung auf engstem Raum 3 und mehr Wochen.)

Warum sollten solche Eigentümlichkeiten nicht auch für Höhenwachstum, Schaftform, Massenzuwachs usw. gelten? Ist doch das „Gesetz der großen Zahlen“ ein sprechender Beweis dafür: die baierischen Massentafeln, überhaupt beliebige Formzahlwerte, können bekanntlich auf einzelne oder wenige Stämme nicht ohne die Gefahr ganz unzulässiger Fehler angewendet werden. Warum? eben weil die Eigentümlichkeiten jedes Stammes erst im Meer der Durchschnittswerte vieler Bäume untertauchen, die sich aus der Zusammenreihung nach bestimmten Gesichtspunkten, wie Brustdurchmesser, Scheitelhöhe usw. ergeben. Erst bei großen Stammzahlen sind brauchbare Ergebnisse zu erwarten, weil nur dann die vielen Einzelheiten sich ausgleichen.

Möge die Auslese und Zuchtwahl künftig nicht bloß auf den Höhenwuchs und die Krone, sondern namentlich auch die Schaftform, kurz gesagt, auf die I/IIIα-Stämme und solche, die es werden können, sich erstrecken.

Zum Schluß nochmals einige Bemerkungen über die Unterscheidung von Hauptbestand und Nebenbestand.

Herr Flury sagt a. a. O. S. 10 und 11: „Wir bezeichnen ganz allgemein als Nebenbestand denjenigen Bestandesteil, welcher für einen bestimmten Durchforstungsgrad den Baumklassen des Aushiebes angehört. Meist trifft dies zusammen mit dem eigentlichen Durchforstungsanfall. Den verbleibenden Bestand bezeichnen wir als Hauptbestand. . . . Der Begriff von Haupt- und Nebenbestand ist daher im allgemeinen ein relativer, dagegen für einen konkreten Durchforstungsgrad ein ganz bestimmter.“

Diese Auffassung ist eine sehr auffallende und z. B. der Kraftschen Klasseneinteilung mit ihrer ganz bestimmten feinen Grenzlinie zwischen Haupt- und Nebenbestand schroff entgegenstehende.

Die Flurysche Auslegung kommt dem ebenso anfechtbaren Schwappachschen Standpunkt sehr nahe, die Bezeichnung Hauptbestand und Nebenbestand überhaupt aufzugeben und dafür zu setzen: verbleibender und ausscheidender Bestand. Damit gibt man aber eine für Wissenschaft und Wirtschaft gleich bedeutungsvolle Unterscheidung nutzlos preis. Der Willkür im Durchforstungswesen ist dann Tür und Tor geöffnet. Man denke an die Plenterdurchforstung, bei der gerade die stärksten Stämme grundsätzlich in den ausscheidenden, d. h. nach Herrn Flury Nebenbestand fallen. Das gäbe schnurstracks eine verkehrte Welt und gewiß die große Mehrzahl der Forstleute tut hier nicht mit. Vergl. auch S. 73 unten.

Die ausgezeichnete Veröffentlichung des Herrn Assistenten Flury im 7. Band der schweizerischen Mitteilungen bietet eine Anzahl neuer wichtiger Tatsachen und Gesichtspunkte; ich verdanke derselben manches. Dies kann aber nicht hindern, daß entgegenstehende Überzeugungen mit vollem Freimut erörtert werden, ohne daß ein Teil dem andern etwas übel nimmt oder nachträgt. „Wahrheit macht frei.“ Nur durch offene Aussprache und Abwägung der Streitpunkte ist das möglich, was unser beider letztes Ziel zu bilden hat: befreiende Klärung und gesunder Fortschritt in der uns gleich sehr am Herzen liegenden Forstwissenschaft und Forstwirtschaft.

Druck von Fr. Stollberg in Merseburg.

Forst Adelberg.

Lageplan der Versuchsflächen:

(zu Seite 7).

VII 10 c_2 d Rauwiesle.

Bild 1-2: Buchenflächen.*

(420-440 m über Meer).

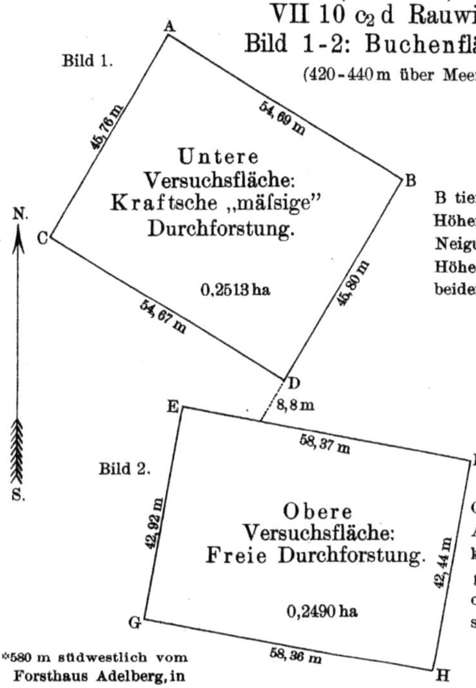

B tiefster, G höchster Punkt, Höhenunterschied 20,4 m, mäſsige Neigung nach NNO etwa 20%. Höhenunterschied der Mitten beider Versuchsflächen 7,8 m.

Grundgestein: Schwarzer Jura α, Angulatensandstein (kalireich, kalkarm) mit Beimengung abgerutschter Knollenmergel des obersten Keupers. Sandigsteiniger Lehmboden.

*580 m südwestlich vom Forsthaus Adelberg, in Luftlinie; tatsächlich durch ein tiefes Tal getrennt.

VII 28 c Fezendöbele.

450 m über Meer)

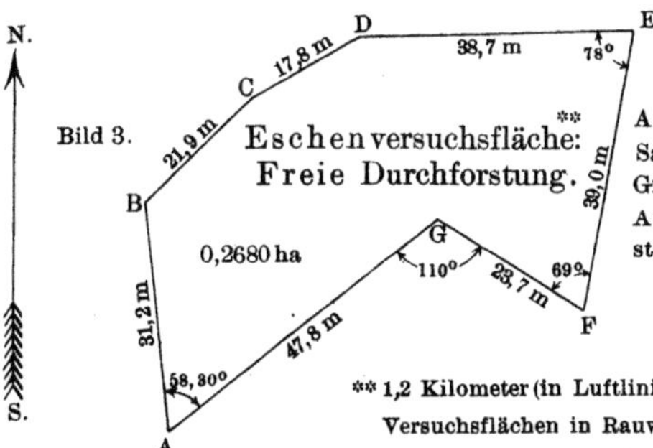

A höchster, E tiefster Punkt. Sanft geneigt nach N, etwa 10 % Grundgestein: Angulatensandstein: Sandigsteiniger Lehmboden

** 1,2 Kilometer (in Luftlinie) westnordwestlich von den Versuchsflächen in Rauwiesle; 1,6 Kilometer (desgl.) westlich vom 462 m über Meer gelegenen Forsthaus Adelberg.

Additional material from *Freie Durchforstung,*
ISBN 978-3-642-89812-9 (978-3-642-89812-9_OSFO1),
is available at http://extras.springer.com

EXTRA
MATERIALS
extras.springer.com

Zuwachsbilder.

(zu Seite 56).

Eschenversuchsfläche in Fezendöbele.

Kreisflächenzuwachs in qcm auf 0,2680 qm.

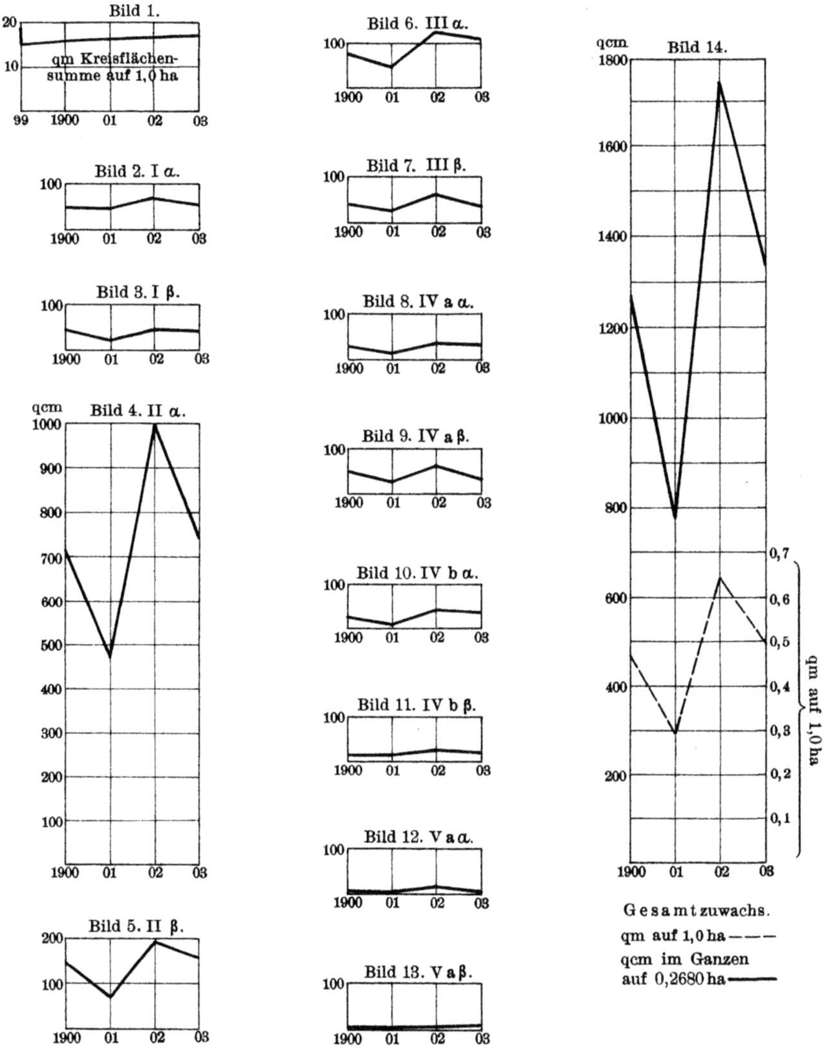

Verlag von Julius Springer in Berlin.

Additional material from *Freie Durchforstung,*
ISBN 978-3-642-89812-9 (978-3-642-89812-9_OSFO2),
is available at http://extras.springer.com

EXTRA
MATERIALS
extras.springer.com

GPSR Compliance

The European Union's (EU) General Product Safety Regulation (GPSR) is a set of rules that requires consumer products to be safe and our obligations to ensure this.

If you have any concerns about our products, you can contact us on ProductSafety@springernature.com

In case Publisher is established outside the EU, the EU authorized representative is:

Springer Nature Customer Service Center GmbH
Europaplatz 3
69115 Heidelberg, Germany

Batch number: 10682439

Printed by Printforce, the Netherlands